KATHARINA ENDRASS-LACHER
PATRICK ZIMMER

Meister des Geschmacks

KATHARINA ENDRASS-LACHER
PATRICK ZIMMER

MEISTER DES GESCHMACKS

Dein Weg zum Brot- und Fleischsommelier

dfv Mediengruppe

dfv Mediengruppe
Fachbuch

Bibliografische Informationen der Deutschen Nationalbibliothek

Die Deutsche Nationalbibliothek verzeichnet diese Publikation in der Deutschen Nationalbibliografie; detaillierte bibliografische Daten sind im Internet über https://dnb.de abrufbar.

ISBN 978-3-86641-363-4

Projektleitung: Caroline Schauwienold, Frankfurt am Main
Projektmanagement: Elin Wagner, Frankfurt am Main
Umschlag: Ralph Stegmaier, Frankfurt am Main
Layout und Satz: Publikations Atelier, Weiterstadt
Produktion: Thomas Mattner, X-Production, Aschaffenburg
Druck und Verarbeitung: CPI Books GmbH, Leck
Printed in Germany

Deutscher Fachverlag GmbH
Mainzer Landstraße 251
60326 Frankfurt am Main
Kontakt: buchverlag@dfv-fachbuch.de

Leseanleitung

Hast du dich je gefragt, was genau eigentlich richtig „geiles“ Fleisch und Brot ausmacht? Verspürst du außerdem den Drang, mit deiner Begeisterung und deinem Können Großes erreichen zu wollen – für dich und deine Kunden? Dann mach dich bereit für eine Reise über die Handwerks-Basics hinaus, auf der selbst der Meistertitel nicht das Ende der fachlichen Fahnenstange darstellt. In einer Welt, in der Genuss und Qualität immer mehr an Bedeutung gewinnen, braucht es Experten, die das Beste aus ihren Produkten herausholen. Die Rede ist von Fleisch- und Brotsommeliers.

Katharina Endraß-Lacher und Patrick Zimmer sind solche Meister des Geschmacks. Tauche mit ihnen ein in ein Reich aus Know-how und Leidenschaft – und lass dich inspirieren, selbst neue Pfade zu beschreiten. Dieses Buch zeigt dir, welche spannenden Themengebiete du dir im Zuge der Sommelier-Ausbildung erschließt und auf welche Weise du das erlangte Spezialwissen gewinnbringend einsetzen kannst.

Als Fleisch- oder Brotsommelier kitzelst du in allen Arbeitsbereichen noch ein Quäntchen mehr heraus – beim Kreieren neuer Produkte, bei der Verfeinerung deiner Herstellungsprozesse, im Umgang mit den Kunden und vielem mehr. Du bist in der Lage, exklusive Seminare anzubieten, in denen du deine Gäste mit ausgefallenen Foodpairings überraschst. Gleichwohl vertiefst du als Sommelier deine Wertschätzung gegenüber deinem Handwerk, deinen produzierten Lebensmitteln sowie den dafür erforderlichen Rohstoffen.

Lass dich also inspirieren – wir wünschen dir viel Spaß beim Lesen und viele hilfreiche Erkenntnisse auf deinem Weg zum Fleisch- und Brotsommelier!

Vorworte

Mit großer Freude und voller Stolz darf ich dieses Vorwort schreiben.

Ina ist nicht nur eine außergewöhnliche Fachfrau in der Fleischbranche, sondern auch eine beeindruckende Persönlichkeit, die mit Leidenschaft und Hingabe ihr Handwerk lebt.

Unsere Wege kreuzten sich vor einigen Jahren an der Fleischerschule Augsburg, wo Ina nicht nur den Fleischsommelier absolvierte, sondern auch die Masterclass zum zertifizierten Grillmeister besuchte. Schon damals fiel sie mir durch ihre Begeisterung, ihr Fachwissen und ihren unermüdlichen Einsatz auf. Diese Leidenschaft trägt sie seitdem in all ihre Projekte und beruflichen Stationen.

Ina ist eine wahre Vorreiterin in ihrem Metier: Als erste Fleischsommelière im Allgäu verbindet sie traditionelles Handwerk mit innovativen Ideen. Ihre Expertise bei Special Cuts und ihre konsequente Umsetzung der Nose-to-Tail-Philosophie zeigen ihren Respekt und ihre Wertschätzung für das Lebensmittel Fleisch. Ihre Grillevents und hochwertigen Caterings sind Ausdruck dieser Philosophie und ein Genuss für alle Sinne. Ein Lob für ein perfekt zubereitetes Steak ist für Ina das größte Kompliment – und genau dieses Streben nach Perfektion zeichnet sie aus.

Brot und Fleisch – zwei uralte Lebensmittel, die in ihrer Verbindung ein wahres Geschmackserlebnis schaffen. In diesem Buch vereinen Ina Endraß-Lacher als Fleischsommelière und ihr Co-Autor, Brotsommelier Patrick Zimmer, ihr umfassendes Wissen und ihre Leidenschaft, um zu zeigen, wie perfekt sich diese beiden Handwerke ergänzen. Die Kunst, ein saftiges Steak mit einer knusprigen

Brotkruste oder herzhaftem Sauerteig zu kombinieren, ist ein Genuss für alle Sinne. Diese harmonische Verbindung von Aromen und Texturen spiegelt die Wertschätzung für hochwertige, handwerklich hergestellte Lebensmittel wider.

Auch sportlich hat Ina stets bewiesen, dass sie den Hammer schwingen kann – im wahrsten Sinne des Wortes. Ihre Disziplin aus ihrer Zeit als Hammerwerferin spiegelt sich in ihrer beruflichen Laufbahn wider. Als Verkaufsleiterin im Familienbetrieb vereint sie fachliche Kompetenz mit unternehmerischem Geschick.

Ihre beeindruckenden Erfolge sprechen für sich: 2022 nahm sie mit großem Erfolg an der World Butchers Challenge in Kalifornien teil, 2023 folgte der Auftritt bei der renommierten Sirha in Lyon. Und auch für die Zukunft ist sie bestens gerüstet – 2025 trat sie, gemeinsam mit ihrem Bruder Matthias, erneut bei der Weltmeisterschaft der Metzger in Paris im Team des Butcher Wolfpack für Deutschland an.

Ina Endraß-Lacher ist eine starke Frau in einem starken Handwerk. Ihre offene, lebensbejahende Art ist ansteckend und ihre Leidenschaft für Qualität und Genuss inspirierend. Ich bin mir sicher, dass dieses Buch nicht nur Wissen vermittelt, sondern auch viele Menschen für die wunderbare Verbindung von Brot und Fleisch begeistern wird.

Ina, ich wünsche Dir von Herzen viel Erfolg mit diesem Werk und freue mich darauf, noch viel von Dir zu hören!

Herzlichst Ronny

Ronny Paulusch,
Diplom-Fleischsommelier und
Dozent an der Fleischerschule Augsburg

Wenn Leidenschaft auf Fachwissen trifft, entsteht etwas Besonderes. Und wenn sich zwei Handwerkerinnen und Handwerker wie Ina Endraß-Lacher und Patrick Zimmer zusammentun, dann geht es nicht nur um Fleisch und Brot – dann geht es um Genuss, Respekt und echtes Lebensmittelhandwerk.

Ich erinnere mich noch gut an Patrick Zimmer als Teilnehmer unserer Brotsommelier-Ausbildung an der Bundesakademie in Weinheim. Schon damals fiel er auf. Nicht nur durch sein sensorisches Talent und seine Begeisterung für Brot, sondern auch durch seine Offenheit, seinen Austauschwillen und seinen Wunsch, unser Handwerk nach vorne zu bringen. Es war klar: Hier brennt jemand für das, was er tut.

Umso mehr freut es mich, dass Patrick inzwischen selbst als Referent in der Ausbildung neuer Brotsommeliers wirkt und sich nebenbei auch ins Finale der ersten Weltmeisterschaft der Brotsommeliers gekämpft hat. Er gehört zweifelsohne zu den Besten seiner Zunft.

Gemeinsam mit Ina Endraß-Lacher, einer ebenso leidenschaftlichen wie versierten Fleischsommelière, ist nun ein Werk entstanden, das mehr ist als die Summe seiner Teile. Hier begegnen sich zwei Welten auf Augenhöhe – das Fleisch mit all seiner Kraft, Struktur und Geschichte, das Brot mit seiner Vielfalt, Tiefe und Seele.

Die beiden zeigen, wie sich ihre Handwerke berühren, ergänzen, inspirieren – und was dabei entsteht, wenn man mit Respekt, Hingabe und echtem Wissen ans Werk geht.

Patrick bin ich nicht nur als Kollege, sondern auch freundschaftlich verbunden. Umso mehr freue ich mich, dass er mit diesem Buch ein weiteres Stück seines Weges sichtbar macht. Ein Weg, der ganz sicher noch lange nicht zu Ende ist.

Bernd Kütscher
Geschäftsführender Direktor der Bundesakademie Weinheim

BÄCKER
ZIMMER
METALLICA
BECK'S

Inhalt

Bildnachweis

Korrektur der Seite 108 aus dem Buch "Meister des Geschmacks" (Endraß-Lacher/ Zimmer), Deutscher Fachverlag GmbH 2025

Coverfoto, S. 9, S. 14, S. 22, S. 27, S. 37, S. 42, S. 52, S. 63, S. 72, S. 74, S. 84, S. 85, S. 90, S. 97, S. 106 Ingo Hilger, Neuwied
S. 20 Metzgerei Endrass
S. 32 Butcher Wolfpack
S. 34 iStock / Turker Minaz
S. 36 Pixabay / Felix Wolf
S. 43 Metzgerei Freyberger
S. 70 Mike Jansen
S. 67, S. 68, S. 82, S. 88, S. 100 Frank Wiesen, Einruhr

FLEISCHSOMMELIER/ FLEISCHSOMMELIÈRE

Grußworte

Das Thema Fleisch ist in aller Munde: Politik, Wissenschaft und nicht zuletzt in Familien ist es ein heiß diskutiertes Thema. Von *Veganuary* bis zum qualmenden Smoker sind alle Extreme in unserer Gesellschaft vertreten. Wir als Fleischsommeliers stehen dabei in der Mitte. Doch wer sind wir Fleischsommeliers? Was ist der Fleischsommelier Deutschland e. V.?

Der Fleischsommelier stellt eine Zusatzausbildung für die Experten unserer Branche dar und wird an einigen wenigen Standorten in Deutschland, Österreich und in der Schweiz angeboten. Ein Meistertitel oder jahrelange Erfahrung im Umgang mit Fleisch werden dabei vorausgesetzt. Auf dem Lehrplan stehen:

- Moderne Zuschnitte von Fleisch: Ein Fleischsommelier muss sich in der modernen Schnittführung und Teilstücken auskennen.
- Die perfekte Zubereitung für jedes Fleischstück und besondere Garmethoden sollten für einen Fleischsommelier kein Problem darstellen.
- Fütterung, Genetik und Haltung sind ebenfalls wichtiger Bestandteil des Lehrplanes. Genauso wie die ethische Komponente unseres Metiers.

Des Weiteren zeichnen eine perfekte Beratung und Umgang mit unseren Kunden und Gästen den Fleischsommelier aus.

Der Fleischsommelier Deutschland e. V. versteht sich als freiwilliger Zusammenschluss der Absolventen in Deutschland. Das Ziel des Vereins ist die Förderung junger Talente unserer Branche, der fachliche Austausch, Ansprechpartner für Politik und Gesellschaft in allen Belangen und Botschafter eines bewussten Fleischkonsums.

Mit Katharina Endraß-Lachner haben wir als Verein das Glück, eine junge, leidenschaftliche und energiegeladene Persönlichkeit in unseren Reihen zu wissen, die auch schon bei internationalen Wettkämpfen zu brillieren wusste.
Sie ist ein Aushängeschild für das moderne Fleischerhandwerk und ein leuchtendes Beispiel für fachkundige Beratung mit einem guten Blick für das Besondere und Feine.

Robert Schedel
Geschäftsführer Fleisch-Sommelier Deutschland e.V.

Liebe Ina,

es ist mir eine besondere Freude, dir zu deinem neuesten Werk als Fleischsommelière herzlich zu gratulieren. Als Captain des Butcher Wolf Packs und 1. Vorsitzender des Fleischsommelier Deutschland e.V. habe ich viele Persönlichkeiten in unserer Branche begleitet, aber du stichst in besonderem Maße hervor.

Mit deiner Expertise und Leidenschaft hast du nicht nur als Fachfrau Maßstäbe gesetzt, sondern auch als starke, inspirierende Persönlichkeit unsere Branche bereichert. Du bist ein herausragendes Beispiel für „FrauenPower made in Germany“ und zeigst uns allen, was möglich ist, wenn Leidenschaft, Wissen und Vision zusammenkommen. Deine Fähigkeit, immer wieder Außergewöhnliches zu leisten, ist nicht nur bewundernswert, sondern auch ein Ansporn für uns alle.

Ich bin stolz darauf, dich als Teil meines Teams im Butcher Wolf Pack zu haben. Deine Arbeit und dein Engagement sind ein wahres Vorbild und bereichern nicht nur uns, sondern auch die gesamte Branche. Dein Beitrag zur Weiterentwicklung der Fleischkultur ist enorm, und ich freue mich auf all die spannenden Impulse, die du auch in Zukunft setzen wirst.

Ich wünsche dir viel Erfolg mit diesem Buch und bin schon jetzt gespannt auf die vielen großartigen Projekte, die du sicher noch realisieren wirst.

Mit besten Grüßen und herzlichen Glückwünschen

Dirk Freyberger
Captain Butcher Wolf Pack,
1. Vorsitzender Fleischsommelier Deutschland e. V.

Liebe Ina,

voller Stolz gratuliere ich dir zu diesem Buch. Die bewundernswerte Art wie du unseren Beruf lebst, ist jeden Tag wieder überwältigend. Dein Können, deine Fähigkeiten, dein Wissen und vor allem deine Leidenschaft für das Handwerk in einem Buch zu bündeln, bringt die ganze Branche voran.

Mit diesem Buch inspirierst du mit Sicherheit viele Frauen, die im Metzgerhandwerk Fuß fassen wollen. Du bist der lebende Beweis, dass das Metzgerhandwerk keine Männerdomäne mehr ist.

Matthias Endraß

Intro Über mich

Ja, ich bin Fleischsommelière und wisst ihr was, ich bin stolz darauf! Selbstverständlich kann man beim Fleisch ebenso fachlich in die Tiefe gehen wie beim Wein. Ich persönlich finde, es hat (fast) jedes Grundnahrungsmittel das Recht auf einen Sommelier-Titel. Letztlich zeigt es nur die Leidenschaft für das jeweilige Handwerk, wenn Fachleute diese Weiterbildung absolvieren, um ihre Kunden noch besser beraten zu können. So gesehen ist es für jeden eine Win-win-Situation.

So, aber jetzt kurz zu mir: Ich bin gelernte Metzgereifachverkäuferin, Verkaufsleiterin, Fleischsommelière und zertifizierte Grillmeisterin „Masterclass". Ich arbeite zusammen mit meinem Bruder und meinen Eltern in unserem Familienbetrieb mitten im Oberallgäu. Zwei Verkäuferinnen und ein Lehrling komplettieren unser Team. Insgesamt sind wir drei Fleischsommeliers im Betrieb: mein Bruder, meine Mutter und ich. Durch unser Fachwissen haben wir nicht nur viele „extreme" Fleischliebhaber in unser Geschäft gelockt, sondern uns noch ein weiteres Standbein mit Kursen und Seminaren geschaffen.

Neben meiner Arbeit in der Metzgerei bin ich Teil des Butcher Wolfpack, der Nationalmannschaft des Fleischsommeliers Deutschland e.V. Wir sind das Team, das unter anderem bei der World Butcher Challenge für Deutschland startet, den „Olympischen Spielen" des Metzgerhandwerks. Ich erzähle euch erst einmal, was ich alles so mache, wie man überhaupt Fleischsommelière werden kann und was mich so alles im Metzgerhandwerk bewegt.

1 Metzger/Fleischer: Die Basics

1.1 Die Metzgerei und ich

Eins muss ich gleich zu Beginn sagen: Ich wurde genauso wenig wie mein Bruder dazu gezwungen, ins Metzgerhandwerk einzusteigen. Ich glaube, genau deswegen lieben wir beide diesen Beruf so sehr. Manchmal denke ich mir, es ist nicht nur ein Beruf, sondern vielmehr eine Berufung, die man uns mit in die Wiege gelegt hat. Als ich mich mit 15 Jahren dazu entschieden hatte, die Ausbildung als Metzgereifachverkäuferin zu starten, war mir überhaupt nicht klar, wohin die Reise gehen sollte. Sicherlich hat man schon mal darüber nachgedacht, irgendwann zu Hause einzusteigen, aber das war alles so weit weg.

Wenn ich über meinen Werdegang seit der Ausbildung nachdenke, bin ich schon mächtig stolz auf mich. Damit angefangen, dass ich nur wenige Leute kenne, die ihren Beruf wirklich lieben. Die probieren, darin etwas zu verändern oder stetig besser zu werden. Oder die sagen können: „Ja, das ist das, was ich schon immer machen wollte, auch wenn es nicht immer einfach ist."

Es ist für mich weit mehr als der tägliche Umgang mit Menschen oder die Liebe zu qualitativ hochwertigem, gutem Essen. Sobald ein Fleischstück vor mir liegt, weiß ich genau, welche guten Lebensmittel daraus entstehen können, wie viele Leute damit glücklich oder satt gemacht werden können, wie schön es präsentiert oder im gekochten Zustand angerichtet werden kann. Ich finde es einfach schön, mir Gedanken darüber zu machen. Mein Job endet ja nicht in dem Moment, in dem ich die Ware verkauft habe. Ich muss bis zum Teller der Kundschaft (oder auch meinem eigenen) denken.

www.metzgerei-endrass.de

1.2 Als Frau in einer Männerdomäne

Für eine Metzgereifachverkäuferin ist es in unserem Handwerk nicht immer einfach. Wie häufig wurde ich schon von der Kundschaft belächelt bzw. einfach nicht ernstgenommen. Ich kenne die typischen Sprüche nur allzu gut: „Das würde ich gerne mit dem Chef besprechen" oder „Wissen Sie überhaupt, wie das geht?" Da hilft alles nichts, das muss man leider aushalten können. Doch genau dieser Moment ist der Knaller! Wenn ich plötzlich durch mein Wissen und Können den Kunden beweise, dass ich mein Handwerk mindestens genauso gut beherrsche wie die männlichen Kollegen. Deren Gesichtsausruck am Ende ist unbezahlbar.

Aber es kostet sehr viel Kraft und Willensstärke, sich als Frau zu beweisen, und ich glaube, das habe ich mittlerweile so gut wie überstanden. Allein zu wissen, dass ich gestandene Metzger und Metzgermeister bei Wettbewerben besiegen kann, motiviert enorm. In erster Linie liegt es jedoch an einem selbst! Wenn man etwas wirklich möchte und dafür alles gibt, dann gelingt es meistens auch. Gleichzeitig weiß ich, dass ich das alles nicht ohne die Unterstützung meines Bruders geschafft hätte. Er war derjenige, der mir das Auslösen beigebracht hat, der mich stets gepusht und unterstützt hat, mir aber ebenso die Leviten gelesen hat, wenn ich aufgeben wollte.

Um in diesem Handwerk als Frau zu bestehen, bedarf es neben Willen und Talent, der Liebe zum Beruf, Durchhaltevermögen, den richtigen Menschen hinter sich sowie Mut zu etwas Neuem. Und was auch ganz wichtig ist: sich die teils raue Art des Metzgerhandwerks nicht zu nahe gehen zu lassen.

Es freut mich sehr, dass es immer mehr Frauen in unserem Handwerk gibt, die etwas bewirken möchten. Natürlich haben noch viele das altbackene Bild des Metzgers vor Augen, der groß, gut gebaut ist und mit blutverschmiertem Kittel durchs Geschäft läuft. Aber diese Zeiten sind zum Glück in den meisten Betrieben vorbei. Schaut euch doch die heutigen Metzger an, die etwas aus sich und ihrem Beruf gemacht haben. Was seht ihr da? Also ich sehe coole Typen, die für ihren Beruf brennen, zusammenarbeiten und unser Handwerk wieder aufleben lassen. Denen ist es egal, ob Mann oder Frau in der Zerlegung oder Produktion stehen. Sie versuchen, gute Leute zu finden, denen unser Beruf Spaß macht, und haben erkannt, was hier alles möglich ist.

Daher hoffe ich, dass es in den nächsten Jahren mehr von den coolen Typen mit offener Einstellung gibt, die auch ein bisschen über den Tellerrand hinausschauen. Und natürlich auch, dass sich mehr Mädels davon inspirieren und nicht von den zumeist längst überholten schlechten Seiten abschrecken lassen. Hoffentlich werden es immer mehr, denn eins ist klar: Das, was die Männer können, können wir auch!

1.3 Eintönigkeit, ein Fremdwort

Das Schöne an unserer Arbeit ist, dass man nie in einen eintönigen Trott fällt. Jeder Tag bringt verschiedene Herausforderungen, die man einfach nicht einplanen kann. Klar, das Erste, was in der Früh ansteht, ist den Laden herzurichten. Aber da fängt die Abwechslung schon an. Was machen wir heute Schönes für die Theke? Was haben wir alles da? Was kann ich verarbeiten? Wie soll es am Ende aussehen? Das alles sind Dinge, die man variieren kann oder besser gesagt variieren sollte.

Zum einen hat die Kundschaft jeden Tag andere Wünsche: Mal bekommt man Cateringbestellungen für kalte Buffets, mal kann man kleine Präsente binden. Zum anderen hilft man bei Bedarf für ein paar Stunden in der Produktion aus, wenn es irgendwo klemmt. Langweilig und eintönig wird es also nie.

Gleiches gilt für die Arbeit in der Produktion. Welche Wurstsorte machen wir heute? Wie soll der Zuschnitt des zerlegten Tieres sein? Da gibt es zahllose Möglichkeiten, immer davon abhängig, was der Kunde möchte. Das sind nur einzelne Beispiele, die mir stets aufs Neue die großartigen Seiten unseres Berufs verdeutlichen. Für mich gäbe es nichts Schlimmeres, als jeden Tag das Gleiche zu tun.

1.4 Mit Aufgeschlossenheit punkten

Zweifellos gibt es Aufgaben, die nicht so viel Freude bereiten sowie Situationen, in denen etwas Fingerspitzengefühl wie auch Aufgeschlossenheit gefragt sind. Nehmen wir einmal die wachsende Zahl an Vegetariern und Veganern in unserer Gesellschaft. In meinem Freundes- und Bekanntenkreis ernähren sich ebenfalls einige vegetarisch. Ein kleiner Teil unseres Sortiments richtet sich daher speziell an diese Kundengruppe. Etwas kritischer betrachte ich jedoch die Entwicklung der veganen Lebensmittel. Produkte, die gänzlich ohne tierische Ausgangsstoffe hergestellt werden, haben selbstverständlich ihre Berechtigung im Markt. Doch meiner Meinung nach sollten sie nicht als Wurst- bzw. Fleischerzeugnisse vermarktet werden dürfen. Wir richten uns bei der Produktion unserer Waren an anerkannte Leitsätze und erfüllen dabei strenge Qualitätsanforderungen. Gleiches sollte daher für die Namensfindung von veganen Lebensmitteln gelten, da andernfalls unsere handwerklichen Werte verwässert werden.

1.5 Den Kunden ein Einkaufserlebnis bereiten

Eine weitere Herausforderung besteht darin, die Gunst der Kundschaft zu gewinnen. Prinzipiell finden die Verbraucher heutzutage alles, was sie benötigen, im Einzelhandel. Ein breitgefächertes Sortiment samt guter Qualität und fundierter Beratung ist inzwischen vielerorts Standard.

Also müssen wir im Fachgeschäft den Einkauf zu einem Erlebnis machen, von dem die Kunden gerne erzählen und es weiterempfehlen. An dieser Stelle punkten wir in unserem Betrieb mit unseren Kenntnissen als Fleischsommeliers. Schließlich steht stets mindestens eine oder einer von uns dreien an der (Verkaufs-)Front und erfüllt dieses Wissen mit Leben. Nicht selten ist Humor in der fachlichen Beratung der Schlüssel zum Erfolg. Eine Prise Spaß zählt zu den kleinen Dingen, die den Unterschied ausmachen.

2 Die Liebe zum Handwerk entdecken

Womit wir seit langem konfrontiert sind, ist der Mangel an Lehrlingen oder allgemein an Fachkräften. Die Frage ist, was kann man da dagegen tun? Wir bemühen uns nach Kräften, unseren Beruf so attraktiv wie möglich zu machen. Wir zeigen den jungen Bewerbern konkret die Aufstiegs- sowie Weiterbildungsmöglichkeiten auf, die in unserem Handwerk wirklich vielfältig sind. Dennoch frage ich mich, wo die Reise hingehen wird. Leider gibt es nur noch wenige, die diesen Beruf erlernen, weil sie einen Mehrwert darin sehen, und denen es Freude bereitet, die gleiche Leidenschaft wie wir zu entwickeln. Was also machen wir mit denjenigen Auszubildenden, die wir salopp gesagt „durchziehen“? Ist das wirklich sinnvoll? Kommen sie vielleicht noch an den Punkt, an dem sie merken, wie viel Spaß die Ausübung dieses Handwerks machen kann? Oder hängt die ganze Frage der Haltung mit der Erziehung zusammen? Werden die „Neuen“ von daheim so getrimmt, dass sie, wie ich es jetzt schon öfter gehört habe, stattdessen lieber einen „gescheiten“ Beruf erlernen sollen? Sollten wir vielleicht eher den Eltern zeigen, wie wichtig unser Handwerk ist? Wie bleiben Fleisch und die Wurst auf dem Speiseplan, wenn niemand mehr da ist, der sie richtig herstellt oder verarbeitet?

2.1 Die Ausbildungswege

Im Metzgerhandwerk gibt es zwei verschiedene Ausbildungen: diejenige zum Metzger bzw. zur Metzgerin und diejenige zum Verkäufer bzw. zur Verkäuferin im Lebensmittelhandwerk Schwerpunkt Metzgerei oder kurz – zum/zur Metzgereifachverkäufer/in.

Beide Ausbildungen verlaufen im dualen Ausbildungssystem. Das heißt, in einer Mischung aus dem Lernen in der Berufsschule sowie dem Arbeiten im Ausbildungsbetrieb über einen Zeitraum von normalerweise drei Jahren. In dieser Zeit legt man zwei Prüfungen ab, die Zwischenprüfung im zweiten Lehrjahr und natürlich die Gesellenprüfung am Ende des dritten Lehrjahres.

Unter bestimmten Voraussetzungen lässt sich die Ausbildungszeit verkürzen. Einerseits kann man sich bereits nach zweieinhalb Jahren zur Gesellenprüfung anmelden. Andererseits können Abiturienten das gesamte erste Lehrjahr wegfallen lassen. Die Möglichkeit finde ich allerdings fragwürdig. Das letzte halbe Jahr einzusparen, wenn das Wissen, das Können und die Noten in der Berufsschule passen, kann ich nachvollziehen. Aber das erste Lehrjahr komplett auszulassen, erschließt sich mir nicht. In dieser Zeit werden unter anderem die Grundkenntnisse in den Bereichen Hygiene, Ernährungskunde sowie Leitsätzen gelegt und natürlich noch weiteres Fachwissen vermittelt, das für den Rest der Ausbildung enorm wichtig ist.

2.2 Metzger/in

Bei der Metzgerausbildung müssen aus sechs Wahlqualifikationen (Schlachten, Herstellen besonderer Fleisch- und Wurstwaren, Herstellen von Gerichten, Veranstaltungsservice, Kundenberatung und Verkauf, Verpacken von Produkten) zwei ausgewählt werden, in denen man später die Gesellenprüfung ablegen möchte.

Die grundlegenden Kenntnisse werden natürlich in allen Bereichen vermittelt, darunter das Beurteilen von Fleisch, die Zerlegung, die Verarbeitung und im besten Falle noch das Verkaufen bzw. Beraten. Der Arbeitsplatz umfasst, unabhängig von der Wahlqualifikation, die Schlachtung, Zerlegung und Produktion.

Nach der Ausbildung hat man den perfekten Start ins Gesellendasein. Zu den erlernten Fähigkeiten zählen das Ausbeinen, Zuschneiden, Beurteilen der Fleischqualität sowie das Herstellen von Roh-, Koch- und Brühwurst mit der richtigen Fleisch- und Speckauswahl.

Wer sich als Geselle weiterentwickeln möchte, kann die Prüfung zum Metzgermeister ablegen. Diese dauert rund drei Monate, wenn man alle vier Teilbereiche am Stück absolviert:

- Teil I – Fachpraxis
- Teil II – Fachtheorie
- Teil III – Betriebswirtschaft & Recht
- Teil IV – Arbeitspädagogik

In der Meisterausbildung werden die fachlichen Fähigkeiten und Fertigkeiten vertieft und erweitert. Hinzu kommt das theoretische Wissen zur Betriebs- und Mitarbeiterführung sowie die Berechtigung zum Ausbilden.

https://web.arbeitsagentur.de/berufenet/beruf/13804

2.3 Fachverkäufer/in Lebensmittel-handwerk (Fleischerei)

Die Ausbildung für den Fachverkauf ähnelt der des Metzgers in vielen Punkten. Natürlich dreht sich hier auch alles um Fleisch und Wurst, aber die Schwerpunkte liegen verständlicherweise auf dem Verkaufen und Beraten, dem Zusammenstellen von Buffets, dem Veredeln von Fleisch und Wurstwaren sowie der Vorbereitung und dem Herrichten von küchenfertigen Erzeugnissen und Salaten.

Ausgebildete Fachverkäufer machen weit mehr als nur Wurst zu schneiden, auch wenn das ein wesentlicher Bestandteil des Arbeitsalltags ist. Sie empfehlen das richtige Fleischstück für das gewünschte Essen, klären auf, welche Wurst bei bestimmten Erkrankungen gegessen werden darf, stellen Buffets für Feierlichkeiten zusammen, richten Wurstplatten ansprechend her und sorgen ganz allgemein für Innovationen in der Theke.

Das Gegenstück zur Meisterausbildung ist hier die Weiterbildung zum Verkaufsleiter. Diese setzt sich ebenfalls aus den vier Teilbereichen Fachpraxis, Fachtheorie, Betriebswirtschaft & Recht sowie Arbeitspädagogik zusammen. Sie dauert rund zweieinhalb Monate.

Allerdings unterscheiden sich Teil I und Teil II von der Ausbildung zum Metzgermeister, da sie auf die Fachpraxis und Fachtheorie der Metzgereifachverkäufer angepasst sind. Teil III und Teil IV sind hingegen deckungsgleich zum andern Meistertitel.

Es gibt jedoch noch einen wesentlich größeren Unterschied zum Metzgermeister. So sind Verkaufsleiter nicht berechtigt, eine eigene Metzgerei zu führen. Hierfür wird der Metzgermeistertitel benötigt. Zum Glück gibt es ein kleines Schlupfloch: Ein Fachverkäufer darf bei der Handwerkskammer eine Sonderzulassung beantragen, wenn ein Metzgermeister bestätigt, dass dieser bei ihm in der Produktion gearbeitet hat und alle Fähigkeiten, Fertigkeiten und Kenntnisse vorhanden sind.

https://web.arbeitsagentur.de/berufenet/beruf/50924

3 Fleischsommelier/ Fleischsommelière: Die Basics

3.1 Was verbirgt sich hinter der Fortbildung?

Eine der vielen Weiterbildungsmöglichkeiten im Metzgerhandwerk ist der Titel des Fleischsommeliers. Als vor rund zehn Jahren im deutschsprachigen Raum die ersten Kurse angeboten wurden, war es noch Voraussetzung, einen Metzgermeistertitel oder vergleichbaren Abschluss im Lebensmittelhandwerk zu besitzen. Mittlerweile darf jeder, der in der Fleisch- oder Lebensmittelbranche Fuß gefasst hat, an den Kursen teilnehmen. Dazu gibt es im Handwerk geteilte Meinungen. Doch ich denke mir, warum sollte man dieses Wissen Interessierten vorenthalten?

Die Fortbildung dauert für gewöhnlich zwei Wochen. Da höre ich auch schon wieder: „Uh, in der Zeit lässt sich gar nicht alles unterbringen und richtig erlernen. Ein richtiger Sommelier-Kurs geht über mindestens ein Jahr." Darauf kann ich nur erwidern: Zwar dauert die Weiterbildung zum Fleischsommelier „nur" zwei Wochen, aber die richtige Arbeit fängt ohnehin erst danach an. So besteht letztlich die Kunst darin, das erlangte Fachwissen gewinnbringend anzuwenden.

3.2 Mein Weg zur Fleischsommelière

Als wir uns 2019 dazu entschieden haben, dass ich nach meinem Bruder als Zweite der Familie den Kurs am Bildungszentrum des Fleischerhandwerks in Augsburg besuchen werde, war ich bereits voller Tatendrang. Zwar wusste ich grob, was auf mich zukommt, aber selbst daran teilzunehmen war dann doch nochmal etwas komplett anderes. Es waren für mich zwei sehr intensive Wochen. Vor allem durch das ständige Sitzen, da ich jemand bin, der gerne arbeitet und nicht nur zuschaut.

Unser Kurs startete mit der Geschichte und Wertigkeit des Fleischs, was ich als sehr, sehr, wichtiges Thema empfinde. Jeder, der mit Fleisch zu tun hat, sollte wissen, wie es dazu kam, dass wir überhaupt Fleisch essen, Zuchttiere halten. Und genau da kommen wir zu einem weiteren wichtigen Punkt: Hätten unsere Vorfahren kein Fleisch gegessen, hätten wir uns als Menschen nie so weit entwickelt.

Der Praxisteil ist unglaublich vielseitig. So erfährt man beispielsweise alles über die Zuschnitte bzw. „Cuts", wie es umgangssprachlich oft heißt, vom Rind und Schwein. Allein dazu ließe sich ein eigenes Buch erstellen, in dem man detailliert auf die alten und neuen Zuschnitte eingeht und wie sie sich am besten zubereiten lassen.

https://www.fleischerschule.de/ausbildung-und-kurse/fleischsommelier/

3.3 Vermitteltes Fachwissen

Der Reifeprozess

Etwas ausführlicher möchte ich mich hier der Fleischreifung samt der verschiedenen Reifearten und -vorgänge widmen. Grundsätzlich wissen wir, dass nach der Schlachtung durch den Stopp der Sauerstoffzufuhr verschiedene Prozesse im Fleisch einsetzen. Glucogen und Glukose werden dabei ohne Sauerstoffverbrauch zu Milchsäure abgebaut. Das führt dazu, dass das Fleisch fest oder zäh wird. Das heißt, unser Fleisch hat nur noch eine sehr geringe Wasserbindung. Beim Rind tritt dies nach ca. 10 bis 24 Stunden ein. Danach beginnt die sogenannte enzymatische Reifung, die beim Rind nach ca. 7 Tagen so weit fortgeschritten ist, dass unser Fleisch wieder weicher wird. Dieser Prozess läuft bei jeder Tierart, sogar jeder Rasse unterschiedlich ab, selbst Geschlecht und Alter haben Einfluss darauf.

Generell gilt, dass Schwein, Lamm und Hähnchen um einiges schneller reifen als Rindfleisch. Bei Schwein und Hähnchen muss man zudem die hygienische Verarbeitung noch stärker im Auge behalten, da sie anfälliger für Bakterien und sonstige Krankheitserreger sind.

Die optimalen hygienischen Bedingungen vorausgesetzt, sollte hochwertiges Rindfleisch mindestens 4 Wochen reifen, ganz gleich ob mittels Trocken- (Dry Aged) oder Vakuumreifung (Wet Aged). Darüber hinaus gibt es noch weitere spezielle Reifetechniken, wie das Reifen im Beutel, die Schimmel- sowie die Aschereifung.

Dry Aging

Kurz anschneiden möchte ich hier die zwei gängigsten Verfahren, das Dry Aging und das Wet Aging. Beim Dry Aging, was dank der schicken Reifeschränke und -räume in zahlreichen Fachgeschäften mittlerweile die bekannteste Reifemethode ist, ist der Name Programm. Wörtlich übersetzt, heißt es „trockenes Altern". Dabei wird das Fleisch zumeist mit Knochen bei niedriger Temperatur und Luftfeuchtigkeit über einen Zeitraum von mindestens 25 Tagen (bei Rindfleisch) gereift. In dieser Zeit wird das Fleisch langsam von seinem hohen Wassergehalt befreit. Dadurch wird sein Geschmack intensiver, die Muskelfasern

werden feiner und kleiner. Während des Reifens bildet sich am äußeren Rand des Fleischstücks ein grauer bis schwarzer, fester Rand. Diesen sollte man zwar nicht mitessen, dafür „schützt" diese Kruste das Fleisch im Inneren. Dry-Aged-Fleisch erkennt man für gewöhnlich am intensiven Eigengeschmack, der oft ins Nussige geht.

Wet Aging

Beim Wet Aging wird das Fleisch hingegen „nass gealtert". Hierfür werden die Fleischstücke zunächst ausgelöst, zugeschnitten und dann vakuumverpackt, weshalb wir auch von Vakuumreifung sprechen. Infolge des Sauerstoffentzugs wird die verstärkte Bildung von Milchsäurebakterien angeregt. Diese sorgen wiederum dafür, dass sich weniger Verderbnis erregende Keime bilden. Nebenbei reift das Fleisch in seinem eigenen Saft. Wie beim Dry Aging befreien sich die Fleischfasern vom Fleischsaft bzw. Wasser und werden dabei kleiner.

Bei der Vakuumreifung ist eine Lagertemperatur von 1 bis 2 °C zu empfehlen. Je niedriger die Temperatur, desto langsamer schreitet die Fleischreifung voran. In Abhängigkeit von der Temperatur sollte das Fleisch mindestens 14 Tage reifen.

Wo liegen die Vor- und Nachteile dieser Verfahren?

Jede Reifeart hat ihre Vor- und Nachteile.

Für das Wet Aging sprechen unter anderem der geringe Gewichtsverlust, der geringe Platzbedarf während der Reifung sowie die höhere Fleischausbeute, da man auf Abschnitte verzichten kann. Allerdings kann es passieren, dass das Fleisch im Vakuum übersäuert. Ein Anzeichen dafür ist, wenn der Fleischsaft im Vakuumbeutel kleine Bläschen wirft.

Für das Dry Aging sprechen in erster Linie der intensive Eigengeschmack sowie die sehr feinen Fleischfasern. Als Nachteil kann der Verlust des Fleischvolumens betrachtet werden, der aus der Flüssigkeitsreduzierung resultiert. Zudem sind hier größere Abschnitte erforderlich als beim Wet Aging. Und nicht zu vernachlässigen ist, dass die klimatischen Reifebedingungen über die gesamte Reifezeit so konstant wie möglich gehalten werden.

Garpunkt & Kerntemperatur

Während der Weiterbildung zum Fleischsommelier werden die einzelnen Kochverfahren wie Braten, Garen, Niedrigtemperatur-Garen, Schmoren und selbst die verschiedensten Grillmethoden sehr detailliert besprochen und ausprobiert. Große Aufmerksamkeit gilt hierbei der Kerntemperatur sowie dem sich davon ableitenden Garpunkt bei Steaks.

Es gibt mehrere Methoden, die richtige Temperatur zu bestimmen, beispielsweise mittels Kinn-, Nase-, Stirn- oder Fingertest. Auf Nummer sicher geht ihr jedoch mit einem Kerntemperaturmesser. Zudem entwickelt ihr mit der Zeit ein Gefühl dafür.

Garpunkte

- Blue rare (blau) 38 °C – 45 °C
- Rare (rosa) 46 °C – 52 °C
- Medium rare (englisch) 54 °C – 55 °C
- Medium (rosa) 56 °C – 58 °C
- Medium well (halb rosa) ab 60 °C
- Well done (durch) ab 73 °C

Dazu muss man noch sagen, dass es davon abhängt, in welcher Region und welcher Branche die Garpunkte festgesetzt werden. Hier kann es zu Unterschieden kommen.

3.4 Was lernen Sommeliers noch?

In der Sommeliers-Ausbildung widmet man sich auch der Frage: Wie vermarkte und positioniere ich mich richtig? Jeder sollte sich im Vorfeld Gedanken darüber machen, was er oder sie mit dieser weiterführenden Ausbildung anfangen möchte. Will ich nur den schicken Patch des Fleischsommelier auf meiner Arbeitskleidung tragen oder möchte ich mich als Experte zur eigenen Marke weiterentwickeln? Wie kann ich mich dabei von anderen abheben? Oder besser gesagt, über welche Qualifikationen und Kenntnisse verfüge ich bereits, die mich von anderen unterscheiden, und wie stelle ich diese Alleinstellungsmerkmale gezielt heraus?

Thematische Exkurse in die Teilbereiche Schlachtkunde und Exoten-Fleisch runden die Ausbildung ab.

Besonders in Erinnerung blieb mir der Besuch der Ludwig-Maximilians-Universität München, wo wir Einblicke in die aktuelle Fleischforschung erhielten. Generell ist die Anatomie des Tieres ein zentraler Ausbildungsteil. Warum bestehen die Fleischstücke aus verschiedenen Fasern? Weshalb kann man das Filet auch ohne Reifung direkt essen?

Alles in allem kann ich hier nur einen Bruchteil der breiten Fachwissens wiedergeben, das während des Kurses vermittelt wird. Aspekte wie Ernährungskunde, Sensorik oder Ur-Produktion kann ich bestenfalls aufzählen, um den Rahmen nicht zu sprengen.

Vielleicht noch ein Wort zur Welt der Gewürze. In das unfassbar große Reich der Gewürze hat uns ein Gewürzsommelier eingeführt: Was wird wie verarbeitet? Aus welchen Teilen der Welt werden Gewürze zu uns gebracht? Wie viele verschiedene Pfeffersorten gibt es? Wie werden diese geerntet und wie viel Arbeit steckt in so einem kleinen Gewürzbeutelchen drin? Gehören Kräuter zu Gewürzen? Wie kombiniere ich Gewürze richtig? Warum verbinden wir Gewürze mit Jahreszeiten?

Fun Fact:

Mein Bruder Matthias zählt zu den sehr wenigen Gewürzsommeliers Deutschlands, wovon wir sowohl bei unseren Seminaren und Workshops als auch im Verkauf profitieren.

Zum Abschluss stand die Prüfung an, die bei mir zum Glück gut ausgefallen ist. Aber das hatte ich von mir nicht anders erwartet. ;-)

3.5 Fleischsommelier/-sommelière: Der Alltag

Der Fleischsommelier und ich

Der Titel „Fleischsommelier" war für mich der Start in etwas Neues. Mithilfe des neu erlangten Wissens hinterfragte ich plötzlich alles bisher Gelernte, selbst meine Alltagsarbeit. Ich suchte fortwährend nach Verbesserungen, nach neuen bzw. anderen Ansätzen für gewohnte oder zum Alltagstrott gewordene Arbeitsabläufe. Gleichzeitig habe ich die Arbeit mit den Kunden, sprich das Beraten, auf ein ganz anderes Niveau gehoben. Und auch ich selbst bringe dem Lebensmittel eine noch höhere Wertschätzung entgegen. Im Großen und Ganzen veränderte sich für mich also eine ganze Menge.

Das Schöne ist, dass man diese Fortbildung nicht für sich allein macht. Die Kunst, das erlernte Wissen in Kursen und Workshops weiterzugeben, war für mich eine ganz besondere Erfahrung, da ich mich tendenziell lieber im Hintergrund bewege und nicht so sehr das Rampenlicht suche. Zudem fasziniert mich, dass beide Seiten bei unseren Events voneinander lernen – sowohl die Kursteilnehmer von mir als auch ich von ihnen. Letztlich hat meine Persönlichkeit stark von diesem Schritt profitiert. Durch meine regelmäßige Präsenz an der Front bin ich sicherer und selbstbewusster im Umgang mit anderen Menschen geworden.

Nicht nur ich, sondern unser gesamtes Team hat den Anspruch, unseren Kunden stets aufs Neue ein „Genusserlebnis" zu verschaffen.

Das Fachwissen gewinnbringend einsetzen

Na, dann lasst uns mal einen Blick in die tägliche Umsetzung werfen. Oder besser gesagt, aufzeigen, wie es in unserer Metzgerei so läuft. Wie ihr inzwischen wisst, sind wir ein Familienbetrieb in den tiefsten Tiefen des Oberallgäus, umgeben von vielen Bergen mit saftigen grünen Wiesen. Welche Tiere würden besser in diese Gegend passen als Rinder. Genau deswegen liegt unser Hauptaugenmerk auf dem Rindfleisch.

Eine Frage der Rohstoffe

Wir beziehen unsere Rinder hauptsächlich von einem Landwirt aus der Region. Ich wüsste zu gern sein Betriebsgeheimnis, denn seine Rinder sind der Knaller. Daneben bekommen wir einzelne Rinder aus unserem Dorf, die noch wie früher zu Fuß zu uns getrieben werden. Bei der Schlachtung achten wir stets drauf, dass das Stresslevel für die Tiere so gering wie möglich ist. So muss immer eine Person dabei sein, die sie kennen und die beruhigen kann.

Leider werden wir 2025 die hauseigene Schlachtung einstellen. Der Grund dafür ist einfach. Unsere Metzgerei steht seit fast 100 Jahren mitten im Dorf. Den Betrieb so umzubauen, dass es möglich wäre, die eigene Schlachtung weiterzuführen, ist an diesem Standort leider nicht möglich. So haben wir uns dazu entschieden, unsere Rinder und Kälber, die wir weiterhin von unseren bisherigen Landwirten beziehen, bei einer nahe gelegenen Lohnschlachterei schlachten zu lassen. Da mein Bruder dort des Öfteren aushilft, wissen wir, dass die Tiere vor und während der Schlachtung geringstmöglichem Stress ausgesetzt sind.

Das Schweinefleisch beziehen wir von unserem bewährten Fleischlieferanten. Leider gibt es bei uns in der Region fast keine Landwirte mehr, die regelmäßig qualitativ hochwertiges Schweinefleisch liefern können. Unser Wild stammt aus den Bayerischen Staatsforsten, genauer gesagt aus Jagdgebieten in unserer Nähe.

In der Zerlegung verfolgen wir das Nose-to-Tail-Prinzip – sprich, wir verwerten alle tierischen Bestandteile. Schließlich muss man das Tier, das für unsere Arbeit getötet wurde, zu schätzen wissen. Wir zerlegen grundsätzlich in Fleischstücke, Steak-Cuts, Hackfleisch, Gulasch sowie Wurstfleisch. Auch wenn sich die Kundschaft schwerpunktmäßig für trendige Cuts und Produkte interessierte, sollte das Altbekannte und Bewährte nicht vergessen werden.

Auf die Zerlegung folgt die Reifung. Wir reifen mindestens drei Wochen nach der klassischen Wet-Aging-Methode. Natürlich setzen wir auch auf das beliebte Dry Aging, beschränken uns dabei aus Platzgründen vor allem auf die Rücken der Rinder.

4 Das Butcher Wolfpack

4.1 Das Nationalteam der Fleischsommeliers

Wusstet ihr, dass es für Fleischsommeliers eine eigene Nationalmannschaft gibt? Das Butcher Wolfpack. Es wurde vom Fleischsommelier Deutschland e.V. ins Leben gerufen, dem ich nach meiner Weiterbildung beigetreten bin. Der Verein dient in erster Linie zum Netzwerken mit den Kollegen aus ganz Deutschland.

https://www.fleischsommelier-deutschland.de/

Geballtes Fleischwissen auf einem Haufen, neue Ansichten, neue Methoden zum Arbeiten, neue Freundschaften – wenn ich hier jetzt alles aufzähle, werde ich gar nicht mehr fertig. Das Großartige daran ist das Zusammenspielen ohne Neid. Wenn einer eine Frage stellt, sind in kürzester Zeit Antworten und Tipps da. Hier hat jeder seine eigene Fachspezialisierung, und mit diesem Wissenspool ist der Verein einfach unschlagbar. Es gibt gemeinsame Fach-Exkursionen und Weiterbildungen in der ganzen Welt. Es ist auch schön zu sehen, wie die anderen Kollegen ihre Metzgereien führen. Und auch, dass wir im Großen und Ganzen alle dieselben Probleme haben ;-)

4.2 Eine bereichernde Erfahrung

Seit 2021 bin ich Mitglied des Butcher Wolfpacks. Übrigens rufen mich meine Teamkameraden – wie auch die meisten meiner Freunde – mit meinem Spitznamen „Ina". So findet ihr mich dann auch auf der Website des Butcher Wolfpack.

Ich weiß noch genau, wie ich mich gefühlt habe, als ich die Bestätigung erhielt – einmal komplette Überforderung! Ein paar Selbstzweifel hatte ich natürlich auch, aber am stärksten war die überwältigende Freude.

Seither habe ich mit unserem „Wolfsrudel" so viele aufregende Wettkämpfe bestritten: In Frankreich die La Coupe d'Europe de la Boucherie in Clermont-Ferrand sowie den Shirha in Lyon und die deutschen Butcher Wars. Das absolute Highlight stellte allerdings die World Butchers' Challenge 2022 in Sacramento (Kalifornien) dar. Das war die Weltmeisterschaft der Fleischer. In den USA haben wir den anderen 12 Nationen gezeigt, was das deutsche Metzgerhandwerk kann und den Weltmeistertitel geholt!

Mittlerweile bin ich vom Nachwuchs- in das Hauptteam aufgestiegen, als Veredlerin. Das war eine absolute Ehre für mich. Alle Jungmitglieder wollen sich weiterentwickeln, um eines Tages ins Hauptteam aufzusteigen.

Erst vor wenigen Tagen bin ich aus Paris zurückgekehrt, wo die World Butchers' Challenge 2025 stattfand. Die unglaublich schönen wie intensiven Eindrücke von dort muss ich noch ein wenig sacken lassen. Aufgrund meiner starken Leistungen der letzten Jahre war ich diesmal Teil des Hauptteams. Unser oberstes Ziel war es natürlich, den Titel von 2022 vor mehr als

3.000 Zuschauern zu verteidigen. Und was soll ich sagen: Wir haben erneut alles gegeben und gekämpft bis zur letzten Sekunde. Zwar lief nicht alles perfekt, dennoch haben wir einen super Wettkampf hingelegt. Dafür wurden wir, hinter dem Gastgeber Frankreich, mit dem Vize-Weltmeistertitel belohnt. Wenn man weiß, alle haben ihr absolut Bestes gegeben, dann ist man auch über den zweiten Platz mega glücklich und kann anerkennen, dass der Sieger noch einen Tick besser war.

4.3 Wie setzt sich das Wolfsrudel zusammen?

Wir sind ein bunt gemischter Haufen von Metzgern und Fachverkäuferinnen, die ihr Handwerk nicht nur lieben, sondern auch leben. Wir möchten der Welt zeigen, was die deutschen Metzger alles können. Doch wie in jedem Wettkampfteam funktioniert es nicht ohne die unverzichtbaren Personen im Hintergrund.

Neben unseren zwei Teammanagern, die immer schauen, dass es uns gut geht und die sich um unsere Sponsoren kümmern, gehören auch noch zwei sogenannte „Judges“ zum Team. Sie vermitteln uns nicht nur das Wettkampfgefühl bei den Trainings, sondern bewerten uns dabei auch sehr detailliert. Wen man auf keinen Fall vergessen darf, sind unsere Prozessmanager. Diese beobachten Abläufe, sprechen Verschwendungen an und haben ein besonderes Augenmerk auf alles Visuelle.

Fun Fact:

Keiner der drei Prozessmanager kommt aus dem Metzgerhandwerk. Nichtsdestotrotz sind alle im Herzen und von der Einstellung her waschechte Vollblut-Metzger.

Für mich ist das Butcher Wolfpack nicht nur ein Team, es ist vielmehr eine Familie. Hier wird nicht nur trainiert, sondern auch unterstützt, gepusht, diskutiert, gefeiert und ab und zu auch mal etwas gestritten, aber letztendlich halten wir immer zusammen.

4.4 Was zeichnet einen guten Wolf aus?

Um im Butcher Wolfpack zu bestehen, braucht es neben Können, Leidenschaft, Teamgeist, Kritikfähigkeit vor allem eines: unter Druck Höchstleistungen abliefern zu können. Obwohl unser Hauptaugenmerk der Weltmeisterschaft gilt, nehmen wir regelmäßig an „kleineren“ Wettkämpfen auf nationaler, aber auch internationaler Ebene teil. Sie dienen als anspruchsvolles Training für unsere Großevents. Aus eigener Erfahrung kann ich sagen: Je mehr Wettbewerbe man bestritten hat, umso sicherer wird man. Man kann mit dem Druck besser umgehen, man weiß, worauf man achten muss, und die Arbeitsweise wird einfach fließender, sauberer und routinierter.

Bei den Wettbewerben geht es uns nicht allein ums Gewinnen. Von jedem Event nimmt man auch etwas Neues für sich selbst und seinen Betrieb mit. Ob es das bessere oder effizientere Arbeiten ist, der Austausch mit Kollegen bzw. mittlerweile auch Freunden aus der ganzen Welt oder das Erlernen neuer Arbeitstechniken.

4.5 Ohne Fleiß kein Preis!

Neben dem eigenverantwortlichen Training im heimischen Betrieb veranstalten wir spezielle Trainingslager, an denen wir uns alle in Augsburg in der Fleischerschule treffen und gemeinsam unser Programm für die Weltmeisterschaft trainieren. Dort muss einfach jeder Handgriff sitzen und jedes Produkt bis ins kleinste Detail durchgeplant werden. Denn jeder falsche Handgriff kann uns im Wettkampf Punkte und damit den Sieg kosten. Deshalb trainieren wir nicht nur auf Zeit und Effizienz, sondern auch unser Zusammenspiel. Bewertet wird bei der Weltmeisterschaft neben der normalen Arbeit auch die Arbeitssicherheit, die Hygiene, das Teamwork, der Zuschnitt sowie jegliche Form von Fleischresten und Abfall. Ebenso zählen die Trennung von Abfall, der Produktüberschuss und natürlich der Präsentiertisch mit festgelegtem Thema.

Darüber hinaus gibt es Extrawertungen wie die Gourmet-Bratwurst, die beste Rinderbratwurst, die beste Schweinebratwurst sowie die schönsten Produkte von jedem Tier (Schwein, Rind, Lamm und Hähnchen). Als krönender Abschluss wird noch das All Star Team gekürt: das sich aus den sechs besten Teilnehmern aller Wettkampf-Nationen zusammensetzt.

4.6 Die WM der Fleischsommeliers

Bei der Weltmeisterschaft starten die Teilnehmer in drei verschiedenen Gruppen: die Auszubildenden, die Jung-Metzger und das Hauptteam. Im Kern geht es darum, unterschiedliche Ausgangsstücke möglichst schnell und mit so wenigen „Abfällen“ wie möglich zu zerlegen, zurechtzuschneiden und zu veredeln.

Die Auszubildenden und Jung-Metzger müssen in 2,5 Stunden Folgendes schaffen:

- ein halbes Lamm
- 1 Side of Pork (ein halbes Schwein ohne Keule, Schulter und Hals)
- 1 Rump of Beef (eine Rinderkeule, die sozusagen in der Mitte halbiert wurde, bestehend aus Filet, Tafelspitz, Hüfte und Bürgermeisterstück)
- 2 Hähnchen

Das Hauptteam hat 3,5 Stunden Zeit für:

- 1 Lamm
- ein halbes Schwein
- ein halbes Rind
- 5 Hähnchen

Die Auszubildenden und Jung-Metzger starten jeweils allein und müssen ihre fertigen Stücke auf einem Präsentationstisch dekoriert präsentieren. Das ist eine gewaltige Aufgabe, da man nicht nur das Auslösen beherrschen muss, sondern auch das Veredeln.

4.7 Ein Zeichen für die Gleichberechtigung

Im Hauptteam sieht das ein wenig anders aus, hier starten bis zu sechs Personen als Team. Unser Team besteht mittlerweile aus drei Frauen und drei Männern. Somit sind wir eines der wenigen Teams, wenn nicht sogar das einzige, in dem die Geschlechter gleich stark vertreten sind. Ich persönlich finde das hervorragend! Das ist der perfekte Ansatz, um Frauen im Handwerk zu stärken und zu zeigen, dass sie genauso gut sind wie die männlichen Kollegen.

Grundsätzlich braucht jedes Team einen Zerleger, einen Zuschneider und einen Veredler. Aber wie man diese letztendlich einteilt, ist jedem selbst überlassen. Was zählt, ist, dass alles super zusammenspielt, jeder genau weiß, was der andere tut, und man sich aufeinander verlassen kann.

Ich bin Teil des Butcher Wolfpacks, weil ich für unser Handwerk kämpfen möchte. Und das nicht allein auf internationaler Ebene, sondern jeden Tag bei der Arbeit. Hier kämpfen wir für unseren Beruf, für unser Ansehen in der Öffentlichkeit. Wir kämpfen für mehr Auszubildende und dafür, dass unser Beruf an sich wieder die Wertschätzung erhält, die er verdient hat. Diese wurde in den letzten Jahren immer kleiner, was ich nicht wirklich verstehen kann. Jeder möchte Wurst und Fleisch essen, aber diejenigen, die es produzieren, werden mehr oder weniger verpönt.

4.8 Der eigene Betrieb als Rückhalt

Das Butcher Wolfpack hat mich außerdem gelehrt, nie zu schnell zu viel zu wollen. Ich habe lange, sehr lange darauf hingearbeitet, um dort zu sein, wo ich jetzt bin. Es war zweifellos eine sehr schöne Reise mit tollen Erinnerungen, die ich niemals missen möchte. Aber es war zugleich eine sehr harte Zeit, in der ich mich oft gefragt habe: Warum mache ich das überhaupt? Ist es das alles wert?

Es sind ja nicht nur die Trainings, die man bewältigen muss. Es ist die ganze Planung für den eigenen Wettkampftisch samt der Produktentwicklung, die natürlich von den Teammitgliedern abgesegnet werden muss. Die Zeit, die man da reinsteckt, sieht im Nachhinein niemand. Und natürlich muss man nebenher noch die eigene Arbeit im Betrieb meistern. Wenn wir zum Training fahren, wollen wir ja schließlich nicht, dass die anderen mehr Arbeit haben, nur weil wir uns anderen Dingen widmen. In unserem Betrieb ist der Rückhalt zum Glück riesig. Es freut alle, dass wir uns so sehr für unser Handwerk einsetzen, und wir bekommen dafür sehr viel Unterstützung, ohne die es gar nicht möglich wäre, Teil eines solchen Teams zu sein.

Jeder, der in einem Nationalteam ist, fährt zu den Wettkämpfen, um den bzw. einen Titel mit nach Hause zu holen. In meinem Fall hat dies bei der World Butchers' Challenge 2022 in den USA leider nicht geklappt. Ich habe in meiner Einzelkategorie „Young Butcher“ keinen Titel errungen, stand nicht auf dem Treppchen wie meine Kollegen aus dem Hauptteam. Im ersten Moment war es sehr hart. Doch dieser Moment hat mich auch viel gelehrt. Denn nur wer selbst erfahren hat, wie es ist, nicht gewonnen zu haben, kann noch stärker zurückkommen. Inzwischen weiß ich genau, woran ich noch arbeiten, welche Schwächen ich bewältigen und welche Stärken ich noch ausbauen muss.

Im Nachhinein fühlt es sich dennoch wie ein Sieg an, als einzige Frau in meiner Wertung angetreten zu sein. Im Endeffekt bin ich sehr stolz auf meine Leistung und weiß, damit wieder ein paar Frauen in unserem Handwerk inspiriert zu haben.

5 Jetzt geht's um die Wurst

Fun Fact:

Wusstet ihr, dass das Wort „Wurst“ erstmals im 11. Jahrhundert im deutschen Sprachgebrauch auftauchte? Es bedeutet so viel wie „etwas drehen, rollen, wenden, vermengen“.

In unserer Wurstherstellung hat sich in den vergangenen Jahren einiges verändert. Mit Hilfe neuer Maschinen konnten wir die Arbeitsabläufe vereinfachen und somit die Wurstherstellung effizienter gestalten. Auch der Arbeitskräftemangel in unserem Handwerk spielte in unseren Überlegungen eine Rolle. Aus diesem Grund haben wir die Produktion mittlerweile so organisiert, dass sie im Notfall von einer einzigen Person bewältigt werden kann.

Wir machen so gut wie alle Wurst- und Schinkensorten selbst. Die, die wir nicht selbst machen – ich finde, da sollte man ganz offen darüber reden –, werden von Freunden bzw. Kollegen aus dem Umland bezogen. Bei denen wissen wir, dass sie genauso viel Wert auf Qualität und Tierwohl legen wie wir.

Aus handwerklicher Sicht unterscheiden wir bei der Wurst drei Grundsorten. Laut den „Leitsätzen für Fleisch und Fleischerzeugnisse“ lauten die Definitionen wie folgt:

5.1 Brühwurst

Brühwürste sind durch Brühen, Backen, Braten oder auf andere Weise hitzebehandelte Wurstwaren, bei denen zerkleinertes rohes Fleisch mit Kochsalz und gegebenenfalls anderen technologisch notwendigen Salzen meist unter Zusatz von Trinkwasser (oder Eis) ganz oder teilweise aufgeschlossen wurde und deren Muskeleiweiß bei der Hitzebehandlung mehr oder weniger zusammenhängend koaguliert ist, sodass die Erzeugnisse bei etwaigem erneutem Erhitzen schnittfest bleiben. Die Menge des verwendeten Trinkwassers ist bei den einzelnen Wurstsorten verschieden. Bezogen auf Fleisch und Fett wird anstelle von Trinkwasser teilweise bis zu 10 % Blutplasma oder Blutserum zugesetzt; der Ersatz von Trinkwasser durch 5 % Milch ist auf zum Braten bestimmte angeräucherte Würste, deren Brät fein zerkleinert ist, beschränkt.

Als „Brät" bezeichnet man

- das unter Zusatz von Trinkwasser und Salzen zerkleinerte rohe Fleisch,
- die für die Brühwurstherstellung zum Abfüllen fertig gestellte Rohmasse.

Würste, die roh in den Verkehr kommen, aber dazu bestimmt sind, vor dem Verzehr durch Brühen, Backen, Braten oder auf andere Weise hitzebehandelt zu werden und dabei schnittfest werden (z. B. rohe Bratwürste und rohe Schweinswürstchen zum Selbstbraten, rohe Weißwürste zum Selbstbrühen und roher Leberkäse zum Selbstbacken) sind Brühwursthalbfabrikate.

- Beispiel: Aufschnitt/ Wiener/ Weißwurst

5.2 Kochwurst

Kochwürste sind hitzebehandelte Wurstwaren, die vorwiegend aus gekochtem Ausgangsmaterial hergestellt werden. Nur beim Überwiegen von Blut, Leber und Fettgewebe kann der Anteil an rohem Ausgangsmaterial vorherrschen. Kochwürste sind in der Regel nur im erkalteten Zustand schnittfähig.

„Kochstreichwürste“ sind Kochwürste, deren Konsistenz im erkalteten Zustand von erstarrtem Fett oder zusammenhängend koaguliertem Lebereiweiß bestimmt ist. In Leberwürsten und Leberpasteten beträgt der Leberanteil je nach Ausgangsmaterial und Herstellungsverfahren zwischen 10 % und 30 %. In einzelnen Fällen kann der Leberanteil auch höher, bei bestimmten, in den Leitsätzen aufgeführten Sorten, auch darunter liegen.

„Blutwürste“ sind Kochwürste, deren Schnittfähigkeit im erkalteten Zustand auf mit Blut versetzter, erstarrte Gallertmasse („Schwartenbrei“) oder auf zusammenhängender Koagulation von Bluteiweiß beruht.

„Sülzwürste“ sind Kochwürste, deren Schnittfähigkeit im erkalteten Zustand durch erstarrte Gallertmasse (Aspik oder „Schwartenbrei“) zustande kommt.

- Beispiel: Leberwurst/ Presssack/ Zungenwurst

5.3 Rohwurst

Rohwürste sind in der Regel umgerötete, ungekühlt (über +10 °C) lagerfähige, in der Regel roh zum Verzehr gelangende Wurstwaren, die streichfähig oder nach einer mit Austrocknung verbundenen Reifung schnittfest geworden sind. Zucker wird in einer Menge von nicht mehr als 2 % zugesetzt.

- Beispiel: Salami/ Landjäger/ grobe Mettwurst zum Streichen

6 Seminare und Workshops

Um die Kundenbindung zu vertiefen, bieten wir Fleischseminare, Grill- sowie Wurstkurse an.

Nachdem mein Bruder seine Sommelier-Ausbildung abgeschlossen hatte, legten wir sofort los. Wenn ich an die Anfangszeit zurückdenke, muss ich immer wieder lachen. Es ist schon erstaunlich, wie man sich von Kurs zu Kurs weiterentwickelt.

Bei unseren Zerlegekursen, die wir als „Fleischseminar“ vermarkten, erklären wir authentisch, wie ein Rind zerlegt wird, was man daraus machen kann, wie man es nicht machen sollte und woran man eine ausgezeichnete Fleischqualität erkennt. Natürlich wird nicht nur vorgeführt, sondern auch ordentlich probiert.

Mit den Grillkursen haben wir einst im Hinterhof der Metzgerei begonnen. Das war meine absolute Lieblings-Location. Was ist authentischer als im Hof, direkt neben dem Eingang zur Metzgerei, einen Kurs zu halten, in dem es darum geht, gutes Fleisch richtig zu grillen?

Da sich unsere Metzgerei mitten im Dorf befindet, mussten wir natürlich Rücksicht auf die Nachbarn nehmen. Mittlerweile finden die Kurse in unserer eigenen Grillwerkstatt statt. Bei dem Kurs kommt unser geballtes Wissen als Fleischsommeliers auf den Tisch. Wir starten mit einem kleinen Steak-Tasting, währenddessen erklären wir die verschiedenen Grills und Grillarten. Im Anschluss zaubern wir ein komplettes Fünf-Gänge-Menü inklusive Nachtisch, bei dem nur wenige Zutaten nicht gegrillt werden. An dieser Stelle erklären wir stets das Konzept des Foodpairings.

Ganz ehrlich: Das Schönste für mich ist, die Teilnehmer zu beobachten, wie fasziniert sie von unserem Beruf und unserem Fachwissen sind. Jeder einzelne hat danach einen anderen Blick aufs Fleisch und unser Handwerk.

Bedeutung des klassischen Ladenverkaufs

So aufregend und wichtig die Seminare für uns als Betrieb sind, hängt der wirtschaftliche Erfolg letztendlich von unserem Verkaufspersonal ab. Sie kümmern sich um unser tägliches Brot-und-Butter-Geschäft. Entsprechend wichtig ist, wie sie die Ware präsentieren und dem Kunden schmackhaft machen. Die Verbraucher sollen nicht nur wissen, dass es gut schmeckt, sondern auch die Hintergründe über unsere Rohstoffe und Firmenphilosophie erfahren. Ebenso wichtig sind Hinweise zur richtigen Zubereitung. Eine offene und transparente Kommunikation ist hierbei das Entscheidende.

7 Wurst-/Fleischkultur in Deutschland

7.1 Auf Spurensuche

Unsere Wurst ist nicht nur ein Symbol für Tradition, Handwerk und Genuss, sondern zugleich Kulturgut. In keinem andren Land ist sie so stark vertreten wie bei uns. Rund 1.500 verschiedene Wurstsorten gibt es in Deutschland. Entsprechend haben wir auch den höchsten Pro-Kopf-Verbrauch weltweit: ca. 25 kg Wurst und Fleisch isst jeder Deutsche rein rechnerisch im Jahr.

Wer eigentlich die Wurst erfunden hat, weiß keiner so genau. Es gibt verschiedene Aufzeichnungen aus Ägypten, Syrien und China, die bereits 5000 v. Chr. Bilder zeigen, auf denen schon wurstartige Lebensmittel verzehrt wurden.

Eine der ersten schriftlichen Aufzeichnungen stellt das Odyssee-Epos des griechischen Dichters Homer etwa 700 v. Chr. dar. Er erzählt von Wurstkämpfen, bei denen der Gewinner eine Wurst als Belohnung bekam.

Schon die Römer galten als Wurstliebhaber. Eine ihrer Delikatessen war Hirnwurst. Diese bestand aus Hirn, Ei, Wolfsmilch und Gewürzen. Für die höhere Gesellschaft gab es auch Grillschweine mit Wurstfüllung.

In Deutschland stammen die ältesten Aufzeichnungen zur Wurstherstellung aus dem Mittelalter. Seither wurde die Herstellung immer weiter verfeinert. Auch bei uns gibt es Berichte über historische „Wurstkämpfe", jedoch nicht nach griechischer Art. Stattdessen konkurrierten die Metzger um die längste und schwerste Bratwurst, die sie auf einem großen Fest präsentierten.

Heute können sich viele von uns ein Leben ohne Wurst gar nicht mehr vorstellen.

7.2 Der Blick über den Tellerrand

Wurst ist in vielen Ländern ein Zeichen von Heimat und Tradition. Zudem ist sie vielerorts Teil der kulturellen Identität.

Denn was wäre …

- Italien ohne die Mortadella & Fenchelsalami,
- Spanien ohne die Chorizo & Sobrasada,
- Frankreich ohne die berühmte Edelschimmel-Salami,
- Südafrika ohne Boerewors,
- die Schweiz ohne Bündnerfleisch?

Die weltweite Wurstkultur zeigt, dass die Wurst als „einfaches" Produkt Menschen über Ländergrenzen hinweg verbindet. Gleichwohl hat sie in jedem Land einen einzigartigen Charakter.

7.3 Sprichwörter und Redensarten

„Das ist mir Wurst …"

Dieses Sprichwort hat für unsere Zunft leider keine so gute Herkunft. Früher mussten die Metzger gut überlegen, wie sie die nicht verkaufbaren Stücke wirtschaftlich gewinnbringend verarbeiten konnten. Oft wurde entschieden, diese in die Wurst zu packen. Daher der Ausdruck „ab in die Wurst". Daraus entwickelte sich die bis heute verwendete Redensart „Das ist mir Wurst".

Da können wir nur froh sein, dass uns heutzutage nicht alles Wurst ist!

„Jetzt geht's um die Wurst ..."

Diese Redensart ist nicht in Metzgereien entstanden, sondern auf Volksfesten. Damals war unter anderem „Wurstangeln" ein beliebtes Spiel. Es wurden mehrere Würstchen an einer Schnur aufgehangen und auf Stirnhöhe der Spieler festgebunden. Den Mitspielern wurden die Augen verbunden, und dann mussten diese versuchen, ein oder mehrere Würstchen zu schnappen. Der Gewinn war hier ein oder mehrere Würstchen, was damals für ärmere Menschen eine kostenlose und nahrhafte Mahlzeit war.

„Beleidigte Leberwurst ..."

Im Altertum und Mittelalter glaubten die Menschen, dass Emotionen wie Freude, Trauer, Wut und Zorn von der Leber aus gesteuert werden. Wenn jemand verärgert war, hatte er eine „beleidigte" Leber.

Es gibt jedoch noch eine weitere Legende zu dieser Redewendung: Ein Metzger kochte seine Würste und nahm als Letztes die Leberwurst aus dem Kessel, da diese die längste Kochzeit hat. Die Leberwurst war so beleidigt darüber, dass sie schließlich vor Wut platzte.

Fazit für uns: Wir lassen nie eine Leberwurst allein kochen ;-)

7.4 Was ist gute Wurst?

Gute Wurst ist in erster Linie eine Frage des persönlichen Geschmacks. Zugleich ist es eine Frage des Vertrauens, da der Endverbraucher nur schwer nachvollziehen kann, was alles im Produkt steckt. Grundsätzlich gilt: je besser die Zutaten, desto besser das Endprodukt.

Wer also gute Produkte haben möchte, sollte auf hochwertiges Fleisch, Speck und Gewürze setzen.

7.5 Woran erkenne ich „geiles" Fleisch?

„Geiles Fleisch" lässt sich nicht so leicht als solches definieren, da hier jeder eigene Vorstellungen hat. Anhand einer kleinen Checkliste lassen sich jedoch die wichtigsten Merkmale überprüfen. Gleich vorweg: Es müssen nicht zwingend alle Punkte erfüllt sein, um ein Stück Fleisch mit „geil" zu bewerten.

1 Herkunft & Haltung

Am Anfang steht die Herkunft oder besser gesagt die Rasse bzw. Fleischgenetik. Es liegt auf der Hand, dass eine klassische Fleischrasse wie das Angus-Rind über eine bessere Fleischgenetik verfügt als beispielsweise das Holsteiner Rind, das für die Milchproduktion gezüchtet wird. Es gibt jedoch auch Mischrassen wie das Braunvieh, die sowohl für gutes Fleisch als auch eine hohe Milchleistung stehen.

Neben der Rasse hat die Fütterung der Tiere einen großen Einfluss auf die Fleischqualität. Hierbei ist es wichtig, die richtige Strategie vom ersten Lebenstag an zu verfolgen. So sollten die Kälber ab der Geburt Vollmilch (ca. 7 Liter pro Tag) bekommen und keinen Milchaustauscher. Man kann ihnen auch schon etwas Heu anbieten, sodass sie gleich das richtige „Schnappen" üben. Ab der dritten Lebenswoche beginnt man am besten mit dem Kraftfutter (ca. 1 kg pro Tag). Welches die beste Wahl ist, hängt von der Region ab. Wer wie wir aus einer typischen Maisanbauregion kommt, setzt schwerpunktmäßig auf Mais. Aber auch andere Getreide eigenen sich. Allgemein bietet sich eine Mischung aus 1/3 Mais und 2/3 Getreide an. Ab der achten Woche sollte man die Vollmilchfütterung reduzieren und ab der zehnten bis elften komplett absetzen. Erst nach dem Absetzen sollte man damit beginnen, Silo zu füttern, ergänzt durch Heu und Kraftfutter. Ab einem halben Jahr kommt bei unseren Rindern noch Bergwiesenheu hinzu, gemäht auf über 1.000 Metern Höhe. Das Bergwiesenheu beinhaltet eine ganz andere Vielfalt an Vitaminen und Nährstoffen als das „normale" Heu. Mit Ende des ersten Lebensjahres wird die Fütterung mit Kraftfutter komplett eingestellt. Was sonst noch wichtig ist: Unsere Tiere bekommen schon von klein auf Salzsteine, um sich mit wichtigen Salzen und Mineralien zu versorgen.

Im Sommer dürfen unsere Rinder auf die frischen, saftigen Bergwiesen. Durch die Bewegung der Tiere wird die Fleischqualität nochmals ein Stück besser. Natürlich hat nicht jeder die Möglichkeit, seine Rinder auf die Weide zu lassen, dennoch ist genügend Auslauf sehr wichtig für die Tiere. Eine Alternative stellen hier Freilaufställe dar. Es ist wie bei uns: Jemand, der sich regelmäßig bewegt, hat einen besseren Körperbau als jemand, der ständig auf dem Sofa sitzt.

Mit rund 34 Monaten geht es dann für ca. drei Monate in die Mastbox. Hier werden die Tiere auf das Schlachtdatum vorbereit. Zu Fressen bekommen sie ab diesem Zeitpunkt nur noch Silo und Omaden, den sehr nährstoffreichen zweiten Schnitt.

2 Geschlecht & Alter

Geschlecht und Alter des Tieres sind weitere wichtige Indikatoren für die Fleischqualität. Für gewöhnlich verfügen Färsen, sprich weibliche Rinder, die noch nicht gekalbt haben, über eine sehr hohe Fleischqualität. Gleiches gilt für Ochsen, sprich männliche kastrierte Rinder, in einem Alter von 2 bis 3,5 Jahren. Ja, damit sind sie deutlich älter als die Tiere im Großschlachthof, die selten älter als 1,5 bis 2 Jahre werden. Das Geheimnis liegt im langsamen Wachstum, sodass sich Fleisch und Fett ordentlich entwickeln können.

3 Schlachtung

Was hat die Fleischqualität mit der Schlachtung zu tun? Ziemlich viel sogar! Um gutes Fleisch zu erhalten, muss es bei der Schlachtung für das Tier so hygienisch und stressfrei wie möglich zugehen. Nur wer sauber arbeitet und dem Tier einen schnellen und einfachen letzten Weg ermöglicht, erhält auch qualitativ hochwertiges Fleisch. Sind die Tiere gestresst, dann schüttet der Körper Hormone wie Cortisol und Adrenalin aus. Eine zu hohe Hormonkonzentration kann zu einer schnelleren Säuerung des Fleischs und damit einhergehend zu einem Qualitätsverlust führen.

4 Fettgehalt inkl. Marmorierung

Über den Fettgehalt lässt sich streiten, aber wie wir alle wissen, ist Fett ein natürlicher Geschmacksträger. Zumal Fett nicht gleich Fett ist: So ist ein hoher Anteil an intramuskulärem Fett sehr wohl gewollt. Die Marmorierung unterscheidet sich zwischen den einzelnen Rassen deutlich. Zur Orientierung gibt es hier den Beef Marbling Score, kurz BMS. Leider ist die Einteilung hierbei keine exakte Wissenschaft, sodass die BMS-Angaben von Land zu Land zu unterschiedlich sind.

5 Fasern, Geruch & Haltbarkeit

Auch in diesem Punkt ist die Fachwelt nicht einer Meinung, was in meinen Augen jedoch kein größeres Problem darstellt. Kein Tier hat nur feinfaserige Stücke, sondern auch welche mit Biss. Genau dies macht die ganze Fleisch-Thematik erst richtig interessant.

Der Geruch: Fleisch darf einfach nur nach Fleisch riechen – von leicht süßlich bis sauer, jedoch nicht zu sauer; am besten blumig und fruchtig animalisch.

Die Haltbarkeit erfordert die meiste Aufklärungsarbeit gegenüber dem Kunden. Viele fragen nach „frischem“ Rindfleisch, was aber letztlich niemand kaufen möchte. Gutes Rindfleisch ist immer schon etwas älter, da es ja bereits über einen längeren Zeitraum gereift wurde. Nichtsdestotrotz ist es im Sinne der Haltbarkeit weiterhin frisch und genießbar.

7.6 Ein wichtiger Gedanke zum Schluss

Ich finde es immer wieder faszinierend, was sich alles hinter einem Stück Fleisch verbirgt. Genau genommen ist es nicht nur ein Lebensmittel, sondern ein Produkt, das aus aufwendiger Arbeit entsteht, die mit sehr viel Herzblut verbunden ist. Unsere Landwirte pflegen neben ihren Tieren auch ihre Felder und damit die Natur.

Wir Metzger verarbeiten diesen kostbaren Rohstoff mit Leidenschaft weiter, produzieren daraus Fleisch und Wurstsorten, die wiederum in der gleichen Region verkauft werden. So entsteht ein regionaler Wertschöpfungskreislauf, bestehend aus den Bauern, den Metzgern sowie den Kunden. Das ist ein wichtiger Gedanke: Nur wer regionale Lebensmittel kauft, trägt zum Erhalt der Region bei. Regionales Fleisch sollte daher als ein Stück Heimat, ein Stück Lebensfreude betrachtet werden, das so viel Wertschätzung wie möglich verdient hat. Jeder redet von Nachhaltigkeit, doch nur die wenigsten leben diesen Gedanken, indem sie bewusst regionale Lebensmittel essen.

Interview: Foodpairing – Zwei Sommeliers tauschen sich aus

Katharina: Foodpairing, ein schwieriger Begriff. Doch was versteht man genau darunter? Einfach erklärt die perfekte Kombination passender Geschmacksrichtungen und Aromen. Jeder von uns macht das oft schon unbewusst, zum Beispiel wenn er ein Käsebrot mit Marmelade bestreicht, Zungenwurst mit Apfel und Zwiebel kombiniert oder Schinken um seine Melonenstücke wickelt.

Patrick: Bevor wir tiefer ins Thema Foodpairing einsteigen, schauen wir uns zunächst an, welche Sinne alles einen Einfluss darauf haben und wie wir überhaupt wahrnehmen. Denn für astreine Pairings müssen wir ein bisschen die Theorie hinter dem Ganzen verstehen.

Was nehmen wir wie wahr?

1. Visuelle Wahrnehmung

Alles, was wir mit unseren Augen sehen: Strukturen, Formen, Farben, Aggregatzustände etc.

2. Auditive Wahrnehmung

Alles, was wir mit unseren Ohren hören: Knistern, Knacken, Blubbern, Krachen etc.

3. Gustatorische Wahrnehmung

Alles, was wir schmecken: Womit schmecken wir eigentlich? Richtig, mit unserer Zunge. Mit ihr können wir fünf Grundgeschmacksrichtungen unterscheiden

- süß (wie Zucker/Süßstoffe)
- sauer (Zitronensaft/Essig)
- salzig (Salz)
- bitter (Kaffee/Rucola)
- umami (getrocknete Tomaten/ Fleischbrühe)

4. Olfaktorische Wahrnehmung

Fettlösliche Geruchs- und Aromastoffe, die wir riechen, wobei wir zwischen orthonasal (vor der Nase) und retronasal (über den Mund-Nasen-Rachenraum) unterscheiden. Hier gilt zu beachten, dass wir jeweils unterschiedliche Geruchsattribute und Intensitäten unterscheiden können: fruchtige oder florale Noten, nussige und röstige und viele weitere (siehe Brot-Aromarad).

5. Taktile Wahrnehmung

Alles, was wir mit unserem Tastsinn wahrnehmen. Obacht: nicht nur mit den Händen! Besonders der Mund nimmt unterschiedliche Strukturen, Texturen und Konsistenzen wahr, ob etwas fest, weich oder flüssig, trocken oder saftig ist etc.

Wie schmecken wir überhaupt?

Katharina: Wir schmecken übrigens nicht allein mit der Zunge, sondern auch mit der Nase – riechen sozusagen den Geschmack. Beispiel Vanillezucker: Die Süße des Zuckers nehmen wir über die Geschmacksknospen auf der Zunge wahr, während gleichzeitig die Aromen der Vanille über den hinteren Rachenraum in die Nase gelangen. Dies fällt unter die oben genannte retronasale Wahrnehmung.

Patrick: Darüber hinaus spielt der Trigeminusnerv eine wichtige Rolle. Dieser Nerv leitet die Wahrnehmung bestimmter Empfindungen im Mund weiter. Wir sprechen hierbei von trigeminalen Reizen (Schmerzreize). Der Körper nimmt Hitze und Kälte nicht nur in Form „echter" Temperatur wahr. Wenn etwas sehr scharf ist, wird dem Körper suggeriert, dass es heiß ist, wie beim Capsaicin im Chili, oder kalt, wie beim Menthol im Eukalyptus. Auch Kohlensäure in Getränken gilt als trigeminale Irritation und kann das Pairing interessanter und lebhafter machen. Das sind zwar nur Geschmackswahrnehmung, sie tragen aber dennoch einen großen Teil zum Genuss bei.

Katharina: Ferner unterteilt sich der Geschmack in drei Sparten: Den Vorgeschmack bzw. Anfangsgeschmack – das ist der erste Eindruck. Er hält nur kurz an und weicht oft vom Hauptgeschmack ab. Danach kommt der Hauptgeschmack. Dieser ist immer vorherrschend und legt den Typ der Geschmacksrichtung fest. Zuletzt kommt der Nachgeschmack. Diesen kann man als Überbleibsel oder Restgeschmack des Hauptgeschmacks bezeichnen.

Was macht gutes Foodpairing aus?

Patrick: Die Kunst des Foodpairings besteht darin, die einzelnen Rezeptbausteine gekonnt zusammenzufügen: Zutaten, die miteinander harmonieren, zu kombinieren, durch das Foodcompleting aber auch Zutaten einzusetzen, die Spannung aufbauen oder sich ergänzen. Wer es geschmacklich auf die Spitze treiben möchte, bindet alle fünf Grundgeschmacksarten mit ein, ebenso eine breite Aromenvielfalt, verschiedene Texturen sowie trigeminale Reize. Beim

Foodpairing geht es aber nicht allein um den Geschmack, die Aromen und die Haptik, sondern ebenso um das Ambiente, Jahres- oder Tageszeit und den Anlass, zu dem die Lebensmittel komponiert werden. So kombiniert man eher luftig locker leichte Backwaren wie z. B. Baguettes, Focaccias oder Ciabattas zum Grillen. Wenn man jedoch von gesunder und ausgewogener Ernährung spricht, greift man eher zum Vollkornbrot oder etwas aus der proteinreichen Schiene. Klingt kompliziert, aber sobald man ein bisschen rumprobiert, merkt man schnell, was zueinander passt und was eher nicht.

Katharina: Im Mittelpunkt steht immer die Hauptzutat, die bei mir für gewöhnlich das Fleisch ist. Generell sollte Fleisch im Fokus stehen, damit es die Wertigkeit bekommt, die es verdient hat. Anschließend überlegen wir uns, welche Beilagen wir möchten. Idealerweise orientieren wir uns hier an der aktuellen Saison. Wie du bereits erwähnt hast, gilt es ebenso, auf die Jahreszeit sowie die Außentemperatur zu achten. Im Frühling und Sommer tendieren wir eher zu einem frischen Geschmack; im Herbst und Winter bevorzugen wir stattdessen eher einen kräftigen, herzhaften Geschmack.
Am besten erkläre ich das Konzept anhand eines Beispiels: Ein typisches Winterrezept ist für mich Rindersteak mit karamellisierten Karotten sowie Kaffee-Karamellsoße. Wer noch etwas Frische dabeihaben möchte, gibt einen Spritzer Limette zu den Karotten. Hier verknüpfen wir alle fünf Geschmacksrichtungen. Gleichzeitig haben wir eine gute Mischung aus sogenannten Kreuzungen und Gegenläufern. Als Kreuzung bezeichnen wir Aromen, die sich gegenseitig verstärken, und als Gegenläufer Aromen, die sich ergänzen.

Fun Fact

Es gibt eine Reihe regionaler Klassiker, die jeder kennt, ohne zu wissen, dass sie auf dem Foodpairing-Prinzip beruhen, darunter Allgäuer Käsespätzle, italienische Lasagne oder Linsen mit Würstchen. Auch bei diesen Rezepten werden jeweils alle fünf Geschmacksrichtungen getroffen.

BROTSOMMELIER/
BROTSOMMELIÈRE

Grußwort

Manchmal begegnet man Menschen, die sofort hängenbleiben. Nicht, weil sie laut sind – sondern weil sie echt sind. Patrick Zimmer ist genau so einer. Eine Frohnatur mit Strahlkraft, eine Rampensau mit Herz – und ein Brotsommelier, der sein Handwerk nicht nur beherrscht, sondern lebt. Kennengelernt habe ich Patrick in Weinheim, wo ich die Ehre habe, als Dozent angehende Brotsommeliers zu begleiten. Schon in der ersten Minute war klar: Hier kommt keiner, der sich mal eben ein paar Krümel Wissen abholen will. Hier steht einer, der mit jeder Faser für gutes Brot brennt – und das auch zeigt. Laut, leidenschaftlich, humorvoll, charmant. Patrick ist nicht zu übersehen – und das ist auch gut so. Was ihn besonders macht, ist seine Art, Menschen mitzunehmen. Er spricht über Brot, als wäre es Rock'n'Roll – und schafft es damit, selbst den letzten Toastbrot-Fan für handwerkliche Qualität zu begeistern. Bei ihm ist Brot mehr als Nahrungsmittel – es ist Emotion, Erlebnis und Bühne zugleich.

Dieses Buch ist genau wie Patrick: voller Energie, voller Wissen, voller Leidenschaft. Es erzählt von Krusten und Krume, von Fermentation und Feeling, von Tradition und kreativen Ausbrüchen. Und es zeigt, wie viel Persönlichkeit in einem Laib Brot stecken kann. Patrick, ich ziehe den (Bäcker-)Hut vor dir. Du machst das Handwerk nicht nur besser, sondern auch bunter. Ich bin stolz, ein Stück deines Weges miterlebt zu haben – und gespannt, was da noch kommt.

Herzlichst
Joerg Schmid, Brotsommelier & Bäckermeister

Intro Über mich

Morje erst mal. Ich bin Patrick Zimmer und komme aus der Eifel. Stand heute bin ich 35 Jahre alt, verheiratet und habe eine lebhafte vierjährige Tochter. 2022 habe ich die elterliche Familienbäckerei – die mittlerweile schon seit über 75 Jahren (1948) existiert – in der vierten Generation übernommen. Hier im ländlichen Raum vertreiben wir noch wie früher, indem wir unsere Backwaren direkt an die Haustüre unserer (überwiegenden) Stammkundschaft liefern. Service und Kundenkontakt steht hier an erster Stelle. Ein Hauptgeschäft, das direkt vor der Backstube liegt, betreiben wir natürlich auch noch.

1 Bäcker: Die Basics

1.1 Meine Bäckerei und mein Arbeitsalltag

Wir legen seit jeher großen Wert auf die handwerkliche Herstellung unserer Backwaren. Als klassischer Vollsortimenter reicht unser Angebot von Brot über Brötchen, Kuchen und Plätzchen bis Printen, Stollen und vieles mehr – also all das, was mein Herzensberuf so hergibt. Doch unsere größte Liebe gilt dem Brot.

Mit Vorliebe nutze ich regionale Rohstoffe, aber auch Spezialitäten aus dem Ausland, darunter Mehle aus Frankreich, Italien und der Schweiz, um unsere ortsüblichen, authentischen Backwaren herzustellen.

Unsere Brotteige bekommen volle Aufmerksamkeit, sozusagen das ganze Verwöhnprogramm: viele Vorstufen, verschiedene Sauerteige und beste Rohstoffe, um alles an guten Inhaltsstoffen und Geschmackserlebnissen herauszuholen. Unsere Sauerteigrezeptur ist so alt wie der Betrieb selbst. Brot ist unser Grundnahrungsmittel. Es soll uns satt machen, bekömmlich sein und ein möglichst breites Spektrum an Nährstoffen, Mineralien und Vitaminen abdecken.

In meinem Alltag bin ich als selbstständiger Einzelunternehmer leider öfter an den Schreibtisch gefesselt, als mir lieb ist. Aber getreu dem Sprichwort: „Manche Sachen willst'e, manche musst'e", gibt es da keine Ausreden. Keine Position in unserem Betrieb ist doppelt besetzt, sodass ich bei jedem Ausfall, sei es urlaubs- oder krankheitsbedingt, einen Part übernehmen muss. Glücklicherweise habe ich meine Eltern sowie noch ein paar weitere gute Leute an der Hand, die kurzfristig einspringen können, wenn gleich mehrere Mitarbeiter ausfallen. Der familiäre und freundschaftliche Umgang mit meinen Mitarbeitern ist mir sehr wichtig: Den größten Teil meines Lebens verbringe ich nun mal mit ihnen im Betrieb, da möchte ich mich schließlich auch gut mit allen verstehen.

www.baecker-zimmer.de

Als kleiner Workaholic verbringe ich obendrein auch außerhalb der Geschäftszeiten viel Zeit in der Welt der Bäcker: Bin in der Innung aktiv, maßgeblich an der Ausbildung der Brotsommeliers in der Akademie des deutschen Bäckerhandwerk in Weinheim beteiligt, auf Bäckerfachmessen und Genuss-Events unterwegs, halte Referate rund um die Themen Brot, Bier, Wein, Destillate, Zigarren und Foodpairing, besuche Backevents sowie viele, viele weitere Termine. Ach ja: Im Moment schreibe ich gerade an meinem ersten Buch.

Ich berufe mich immer wieder gerne auf die beliebte Serienfigur Bernd Stromberg: Arbeitszeit ist auch Lebenszeit. Also schau, dass dir diese Zeit Spaß macht. Und wenn du das, was du beruflich machst, gerne machst, dann ist es auch keine Arbeit.

Der Vollständigkeit halber noch einige persönliche Eckdaten:

- 2009 Abitur Kloster Steinfeld
- 2011 Gesellenprüfung (Bäckerei Quasten)
- 2013 Meisterprüfung (Erste Bäckerfachschule Olpe)
- 2021 geprüfter Brotsommelier (Akademie des Deutschen Bäckerhandwerks Weinheim)
- 2021 Biersommelier (Doemens-Akademie München)
- 2022 Zigarrensommelier (IACS Fernlehrgang)
- 2022 Destillatsommelier (Doemens-Akademie München)
- 2024 Wassersommelier (Doemens-Akademie München)

1.2 Das Berufsbild im Wandel der Zeit

Jeder Berufsgruppe haften bestimmte Klischees an. Bei uns Bäckern ist es ganz klar: körperlich intensives Arbeiten und das auch noch nachts und in den frühen Morgenstunden. Und so war es früher auch, das wollen wir hier gar nicht erst wegreden. Doch seither hat sich einiges getan.

Heute gibt es verschiedene Möglichkeiten, das Ganze etwas attraktiver zu gestalten. Fangen wir mit einer der besten Erfindungen an: Der Teigknetmaschine. Die Teige müssen nicht mehr von Hand vermengt und geknetet werden, sondern bilden und entwickeln sich in großen Knetmaschinen unter Verwendung verschiedener Knettechniken. Das bedeutet eine körperliche Entlastung und führt gleichzeitig zu einer besseren Gebäckqualität.

Dennoch ist das Know-how des Bäckers weiterhin gefragt. Auch wenn er den Teig nicht mehr selber von Hand kneten muss, weiß der erfahrene Bäcker, dass sich Teige immer etwas anders verhalten und entwickeln. Hier gibt es unzählige Methoden, dem Teig seine eigene Handschrift mitzugeben, um beispielsweise über eine vorsichtige Wasserzugabe bis hin zur verspäteten Salzzugabe stetig verbesserte Backwaren zu kreieren.

Weiter geht es mit Ausrollmaschinen, die das Rollholz ersetzen, um feinste Plunder- und Blätterteige zu tourieren und um rationeller größere Mengen Teig auf einen Schlag in kleine Köstlichkeiten zu verwandeln. Ähnlich ist es mit den Teigabwiegeapparaturen, die einzelne Teigstücke grammgenau abwiegen, bis hin zu großen Brötchenanlagen, in die der Teig über einen Trichter eingefüllt wird und aus denen das fertig geformte Brötchen an der anderen Seite entnommen werden kann. Ebenso sind leistungsstarke Anschlagmaschinen im Einsatz, die es dem Bäcker ermöglichen, weit über 20 Liter Sahne in einem Durchgang aufzuschlagen. All das sind Möglichkeiten, optimierte Backwaren herzustellen, ohne einen Qualitätsverlust in Kauf nehmen zu müssen.

Natürlich arbeiten Bäcker trotz der maschinellen Unterstützung immer noch handwerklich. Dies waren nur ein paar Einblicke, wie die körperliche Intensität zurückgefahren und der Arbeitsalltag gleichermaßen interessanter und abwechslungsreicher gestaltet werden kann.

Einen weiteren Meilenstein – besonders in puncto Arbeitszeit – stellen die vielen Vorteile dar, die durch die Kältetechnik und automatische Temperatursteuerung in den letzten 20 Jahren entwickelt und perfektioniert wurden: Die Teiglinge können wir nun tagsüber produzieren und müssen sie nachts lediglich abbacken. Und das alles ohne Qualitätseinbußen – im Gegenteil: Die wichtigen Teigreifeprozesse werden dadurch sogar verlängert. Dies verleiht den Backwaren eine bessere Bekömmlichkeit, eine längere Frische und einen komplexeren, weitreichenderen Schatz an Aromen, die der Konsument wahrnehmen kann.

Auch die Ofenarbeit galt einst als körperliche Höchstleistung. Doch die Zeiten, in denen jedes Brot einzeln in den zuvor mit Holz beheizten Backofen geschoben wurde, sind längst vorbei. Früher musste der Bäcker das Holz oft noch selbst in die richtige Größe bringen. Holzbacköfen findet man vereinzelt noch heute in Backstuben, wenn es darum geht, Kultur zu wahren und mit allerhöchstem

Anspruch spezielle Brote nach alter Tradition herzustellen. Natürlich habe ich auch noch einen Holzofen, der jedoch leider zu selten befeuert wird.

Moderne Öfen verfügen hingegen über große Gerätschaften, die alle Brote in einem Schuss in den Ofen jagen und diesen nach Ende der Backzeit auch wieder leeren. Schnell, rationell und ohne dass der Bäcker grenzwertige Höchstleistungen vollbringen muss.

Wer erfand eigentlich das Brot?

Grundsätzlich kombiniere ich „altes“ Wissen mit neuen Erkenntnissen. Wenn man sich überlegt, wie das Ganze mal entstanden ist, kommt man wirklich ins Grübeln. Heutzutage gibt es wissenschaftliche Geräte und Apparaturen, die uns schnell verstehen lassen, wieso, weshalb und warum etwas funktioniert. Aber damals, vor ca. 30.000 Jahren, haben die Menschen sich selber beigebracht, dass Getreide zermahlen werden kann und mit Wasser vermengt als Getreidebrei als sichere Nahrungsquelle dient. Und vor ca. 22.000 Jahren – also ganze 8.000 Jahre später – fand man heraus, dass dieser Getreidebrei auf heißen Steinen getrocknet länger haltbar war und besser geschmeckt hat. Der ein oder andere hat womöglich sogar gemerkt, dass diese gebackenen Getreidekörner auch bekömmlicher sind.

Als die Menschen vor ca. 11.000 Jahren allmählich sesshaft wurden und Ackerbau betrieben, nahm die Entwicklung zusehends Fahrt auf: Die ersten Öfen waren nur der Anfang. Die Erfindung des Sauerteigs war vor 6.000 Jahren DIE Revolution: Brot diente von da an als Hauptnahrungsquelle und war gleichbedeutend mit Ernährung und Wohlstand.

Vor rund 2.000 Jahren entstanden die ersten Teigknetvorrichtungen und Kuppelöfen, um tonnenweise Brot rationell herstellen zu können. Man hat einfach ausprobiert und getüftelt.

Erst seit dem letzten Jahrhundert ist die Wissenschaft in der Lage, die biochemischen Prozesse hinter der Brotherstellungzu erklären, zum Beispiel das Zusammenspiel von Milchsäurebakterien und wilden Hefen im Sauerteig: Was sie bewirken, wie sie gesteuert werden können und was es noch zu beachten gilt, um das „perfekte" Brot herzustellen.

Und jetzt kommen wir noch mal zum Anfang unserer kleinen Zeitreise zurück: Heute weiß ich, was ich tun muss, da ich die Biochemie dahinter verstehe (zumindest soweit, wie es für mich als Bäckermeister notwendig ist). Dennoch funktioniert die Herstellung meiner Brote im Grunde immer noch genauso wie früher. Und ich finde es aus heutiger Sicht unglaublich bemerkenswert, dass unsere Vorfahren es geschafft haben, durch bloßes Ausprobieren, Versuchen und natürlich auch Scheitern uns DAS Kulturgut Brot als Erbe zu hinterlassen. Bevor wir mit neuen Kenntnissen etwas verändern wollen, sollten wir immer voller Demut an dieses traditionelle Meisterwerk herantreten. Es gilt, dieses Lebensmittel zu schützen, damit es uns weitere 30.000 Jahre ernähren kann.

1.3 Meine Backstube

Nun ein kleiner Einblick in meine Backstube und meine Arbeitsphilosophie. Maschinelle Hilfe ist bis zu einem gewissen Grad ein absoluter Segen. Maschinen ermöglichen uns die Zeitfenster, um sich Gedanken über die Rezepte zu machen, die Produktentwicklung voranzutreiben, die Vorteige zu pflegen und vieles mehr. Bei mir laufen Teige in den Maschinen schon mal eine knappe halbe Stunde, um rund 100 kg Brotteig daraus herzustellen.

Der Vorteig als Oberbegriff ist bei uns Bäckern ein ganz großes Thema: Bei meiner Brotherstellung setzte ich auf lange Teigreifezeiten mit verschiedenen Vorteigen und Vorstufen: Sauerteige, verschiedene Poolish, Lievito Madre, Quell-, Brüh- und Kochstücke, Frischbrot und was es sonst nicht noch alles gibt. Durch die langen Teigreifezeiten und die Vorverquellung bekommen wir ein bekömmlicheres Brot und eine bessere Bioverfügbarkeit der Mineralstoffe. Sprich, der Körper kann die enthaltenen Mineralstoffe und Vitamine besser verwerten und verstoffwechseln. Dies versorgt den Körper einfacher mit den verschiedenen Makro- und Mikronährstoffen, Vitaminen und Spurenelementen.

Durch diese Herangehensweise schaffe ich es, mehr Wasser zu binden: Die sogenannte TA (Teigausbeute = Verhältnis Mehl zu Wasser) ist bei den meisten Teigen 1:1 bis hin zu 1:1,5 (sprich mehr Wasser als Mehl). Dadurch haben die Brote eine längere Frischhaltung und man kann länger davon zehren, ohne dass das Brot zu schnell altbacken und trocken wird.

Ölsaaten wie Sesam, Leinsaat oder Sonnenblumenkerne erhöhen zusätzlich die Nährstoffdichte und erweitern das Portfolio an teils essenziellen Mikronährstoffen, Vitaminen und Spurenelementen. Obendrein verlängern sie die Frischhaltung und bringen rohstoffeigene Aromen mit, um noch interessantere Brotvariationen mit einer komplexeren Aromavielfalt zu gestalten. Nicht zu vergessen, dass die unterschiedlichen Strukturen auch das Kauerlebnis, sprich die ganze Haptik, verändern und dem Brot so weitere Highlights mit auf den Weg geben können.

Drei Tipps vom Brotsommelier:

- Das Rösten der Ölsaaten, bevor sie in den Teig kommen, bringt zusätzlich nussige Nuancen mit in das Brot.

- Durch lange Fermentationszeiten (Reifezeiten) können sich die Aromen besser entwickeln. Dies gilt sowohl für die Milchsäure- und Essigsäurebakterien aus den Sauerteigen als auch für die wilden Hefen des Sauerteigs.

- Brote aus 3-Stufen-Sauerteigen und Lievito Madres sind so ausgereift und reich an eigenen Sauerteighefen, dass zusätzliche Backhefe zum Lockern der Teige nicht mehr vonnöten ist.

Natürlich ist auch die Nachhaltigkeit stets ein Thema: Brot, das nicht verkauft wurde, wird geschreddert und während der Herstellung wieder dem Teig als Zutat hinzugegeben. Hierzu später mehr im Kapitel „Upcycling" (siehe S. 102).

Außer der Knetmaschine kommen bei uns zur Brotherstellung tatsächlich keine anderen Maschinen zum Einsatz.

Rückbesinnung auf das Wesentliche

Was viele Bäcker wieder lernen mussten: sich Zeit für ihre Teige zu nehmen. Denn ausgiebige Fermentations- und Reifeprozesse sind in meinen Augen das A und O, um erstklassige Brote hervorbringen zu können. Je nach Brotsorte, Herstellungsart und -weise kommen die fertig gekneteten Teige dann noch für einen zusätzlichen Tag bei ca. 4 °C in die Teigreifezelle.

Unsere Brote werden noch händisch auf einer Balkenwaage abgewogen und nach alter Bäckermanier von Hand aufgemacht – sprich, die Formgebung erfolgt bei uns ausnahmslos händisch. Somit ist jedes einzelne Brot, das später über die Ladentheke geht, ein Unikat.

Vor dem großen Backprozess darf das Brot in Gärkörbchen (bei uns aus Peddigrohr oder Holzschliff) oder im Kasten weiter ruhen, sodass die Lockerung bis kurz vor knapp vollendet wird – danach kommt es entweder noch mal über Nacht in die Kälte oder schon zum Ofen. Dort warten bis zu 300 °C heiße Steinofenplatten, gegossen aus Eifeler Vulkangestein, auf die teigigen Brotlaibe. Je nachdem, welches Backergebnis wir erzielen möchten, haben wir die Möglichkeit, 100 °C heißen Wasserdampf mit in den Backherd einzuspeisen. Der sogenannte „Schwaden" legt sich dann wie eine wärmende Decke auf dem kalten Brotlaib ab und hält ihn feucht, sodass sich die elastisch weiche Kruste ausdehnen kann und das Brot an Volumen zunimmt. Die Hitzeübertragung ist schneller, und das Brot hat ein etwas glänzenderes Finish.

Eine andere Methode ist mein sogenannter „Holzofenstyle". Wie bereits erwähnt, habe ich einen echten Holzbackofen. Hier wird das Holz direkt im Backraum abgebrannt und die Asche entfernt, bevor das Brot in die leere Backkammer kommt. Kohle, Schwebstoffe, Rußpartikel und Raucharomen aus den verbrannten Hölzern verbinden sich mit der immer röscher werdenden Kruste und verleihen dem Brot unverkennbare Aromen. Der einzige Wasserdampf, den wir hier in der Backkammer wiederfinden, resultiert aus der kleinen Menge Wasser in den Broten, das aufgrund der Hitze verdampft.

Durch die schnelle und vor allem trockene Krustenbildung entsteht die wilde und ungleichmäßig aufgerissene charakterstarke Kruste, deren Optik schon auf den ersten Blick etwas stumpfer ist. Im Ofen verbleiben die Brote in der Regel zwischen 45 und 90 Minuten, je nach Gewicht, Größe, Form, Temperatur und gewünschter Farbe. Klar: Je länger das Brot gebacken wird und je heißer der Ofen besonders am Anfang beim Einschießen eingestellt ist, desto dicker und stärker wird die Kruste. Auch die Farbe verändert sich von einem freundlichen Honigbraun über Haselnuss- und mahagonifarbene Brauntöne bis zum ebenholzfarbenen, tiefdunklen Braun (mein absoluter FAV!).

In solch einem Brot befinden sich ungefähr 300 verschiedene Aromastoffe, 80 % davon in der Kruste. Je intensiver die Kruste ausgebacken ist, desto mehr Aromen können sich dort entwickeln. Wichtig: Wenn es zu dunkel wird, kann es auch schnell bitter werden, aber das ist ja letztlich auch Geschmackssache, und ich für meinen Teil bin großer Fan von (fast) verbrannten bis viel zu dunklen Krusten.

2 Brotvielfalt und Bäckerhandwerk

Durch die überregionale, standardisierte Ausbildung im Bäckerhandwerk in Deutschland konnte sich das Fachwissen rund ums Brot sehr gut verbreiten. Die deutsche Brotvielfalt ist mit weit über 3.000 registrierten Broten weltweit einzigartig.

www.brotregister.de

Dies hat mehrere Gründe: Heutzutage kommt man deutschlandweit an alle Rohstoffe ran, die zur Brotherstellung benötigt werden: Seien es verschiedene Getreide, Ölsaaten oder Leguminosen. Früher stand einem nur das zur Verfügung, was die Natur regional hergegeben hat, woraus letztlich die regionaltypischen Backwarenspezialitäten resultierten. Einfaches Beispiel: Im Norden dominieren Roggenbrote, da der Roggen dem raueren Klima widerstandsfähig entgegentritt, im Süden dominieren hingegen helle Backwaren aus sonnenverwöhntem Weizen oder Dinkel.

Mittlerweile stehen uns Bäckern auch Mehle aus anderen Ländern problemlos zur Verfügung, weshalb auch authentische Backwaren aus anderen Ländern unser Sortiment bereichern: sei es ein italienisches Ciabatta, ein französisches Baguette oder eine Schweizer Ruchmehlbrotvariation. Beim Mehl ist es wie beim Wein: Das Getreide nimmt das Terroir, also die Eigenschaft des Bodens und des spezifischen Klimas mit in sich auf. Das Wetter spielt ebenfalls eine wichtige Rolle. Wie häufig regnet es in der Anbauregion, wie viele Sonnenstunden bekommt das Korn, oder ist der Wind vielleicht so stark, dass nur wetterfeste Getreide angebaut werden können?

Und nicht zuletzt trug auch der frühere Föderalismus Deutschlands in Form der vielen Kleinstaaten, die sich alle voneinander absetzen wollten, unter anderem in Form eigener Rezepturen und Herstellungstechniken, maßgeblich zur Brotvielfalt bei.

Heute geben bundesweit zehn Bäckerfachschulen dieses breite Fachwissen im Rahmen der Ausbildung an die nachfolgenden Bäckergenerationen weiter.

2.1 Die Ausbildungswege

→ Die Ausbildung zum Bäckergesellen dauert in der Regel drei Jahre und erfolgt dual (ein theoretischer Teil in der Berufsschule und ein praktischer Teil im Ausbildungsbetrieb). Überfliegern bietet sich sogar die Möglichkeit, diese Zeit zu verkürzen. Während der Ausbildung zum Gesellen werden alle Fertigkeiten des Bäckerhandwerks vermittelt, z. B. die Herstellung verschiedener Backwaren (Brot, Brötchen, Formgebäcke, Plunderteilchen etc.) von der Teigherstellung bis zum fertigen Endprodukt. Auch die Verarbeitung von Sahne und Butterkrem, die Herstellung von Brandteigen, Röstmassen, Torten und vielen weiteren feinen Backwaren muss ein Bäckergeselle beherrschen. Den Ausbildungsabschluss bildet die Gesellenprüfung bei der zuständigen Handwerkskammer.

https://web.arbeitsagentur.de/berufenet/beruf/3626

→ Der nächste Karriereschritt ist die Meisterprüfung im Bäckerhandwerk. Hierzu bieten die Fachschulen sogenannte Vorbereitungskurse an, die rund ein halbes Jahr in Vollzeitpräsenz erfordern (Teilzeitmodelle über Abendschule sind auch üblich, erstrecken sich in der Regel jedoch über 3 Jahre). Die Meisterprüfung wird ebenfalls von den Handwerkskammern abgenommen und umfasst vier Teile:

Teil 1 Fachtheorie:
Fachkunde, Rohstoffkunde, gesetzliche Bestimmungen, Kalkulation, Fachmathematik, Analyse und weiteres

Teil 2 Praxis:
Planung eines eigenen Arbeitsablaufes, eigene Rezepturen, verschiedene Backwaren rund um Brot, Kleingebäck und feine Backwaren und was sonst noch anfällt

Teil 3 Wirtschaftliche und rechtliche Kenntnisse:
Unternehmensziele und Wettbewerbsfähigkeit, Rechnungswesen und Controlling, rechtliche und steuerliche Rahmenbedingungen, Strategie und Marketing, Personalmanagement

Teil 4 Berufs- und arbeitspädagogische Kenntnisse:
Planung der Ausbildung, Einstellung von Auszubildenden, Ausbildung am Arbeitsplatz, Förderung des Lernprozesses, Vorbereitung auf die Abschlussprüfung

https://web.arbeitsagentur.de/berufenet/beruf/3629

Mit Bestehen aller vier Prüfungsteile ist man berechtigt, den Meistertitel im Bäckerhandwerk zu führen. Dieser „Bachelor Professional" ist gleichwertig mit den akademischen Bachelorgraden wie dem Bachelor of Arts oder Science. Ab hier stehen einem sehr viele Türen offen, von denen ich nur einige aufzählen möchte: Weiterbildung zum geprüften Brotsommelier, Studium der Lebensmitteltechnologie, Meisterprüfung in einem anderen Handwerk (z. B. Konditormeister). Oder „einfach nur" spezifische Fortbildungen und Seminare zu verschiedenen Backwaren und Backtechniken sowie verkaufsfördernde Weiterbildungen in Praxis und Theorie. In Deutschland lässt sich so viel Wissen über Brot aufsaugen wie in keinem anderen Land auf der Welt.

3 Brotsommelier/ -sommelière: Die Basics

3.1 Was verbirgt sich hinter der Fortbildung?

Ich war schon immer jemand, der gute Dinge genießen konnte, vor allem Essen. Zudem habe ich schon früh guten Wein geschätzt und wollte dann Ende meiner 20er Jahre auch unbedingt den Titel Weinsommelier führen, bis mich mein Verstand auf den richtigen Pfad führte: Warum hole ich mir nicht zuerst den Sommelier-Titel in dem Bereich, den ich wirklich gut beherrsche: dem Brot!

Gesagt, getan: Ich habe mich umgehend an der Akademie des Deutschen Bäckerhandwerks in Weinheim zur Fortbildung „Geprüfter Brotsommelier" angemeldet. Am Anfang hab ich es mir schon irgendwie easy vorgestellt, bis dann die erste Stunde begonnen hatte und mir der Wind aus den Segeln genommen wurde. „Was müssen wir alles machen?!", fragte ich mich.

https://www.akademie-weinheim.de/sommelier-kurse

Fangen wir zunächst mit der Qualifikation an, die man für diese Fortbildung benötigt: Im Gegensatz zu anderen Sommelier-Fortbildungen in Deutschland muss hier eine grundsolide Ausbildung im Bäckerhandwerk samt Meistertitel vorausgegangen sein (oder ein gleichwertiger, abgeschlossener Studiengang). CHECK! Den Meistertitel hatte ich seinerzeit schon fast 10 Jahre in der Tasche.

Und wie lange dauert diese hochkarätige Ausbildung? Der Kurs erstreckt sich fast über ein ganzes Jahr und ist aufgeteilt in acht Präsenzmodule zu je drei Tagen, an denen mitunter Theorie und Praxis aufgefrischt, aber auch Neues gelehrt wird.

3.2 Welche Inhalte werden vermittelt

Ein wichtiger Part in der Sommelier-Ausbildung sind die sensorischen Fertigkeiten. Es geht darum, sie kennenzulernen, zu unterscheiden und anzuwenden. Zum Beispiel muss man in der Lage sein, Farbnuancen zu unterscheiden, Texturen nach Festigkeit zu klassifizieren oder die Grundgeschmacksarten in unterschiedlichen Konzentrationen in wässrigen Lösungen zu erkennen und zu unterscheiden.

Ebenso spielt die Welt der Aromen eine große Rolle. Letztlich soll jeder Brotsommelier den gleichen Status quo haben, um ein Produkt objektiv beschreiben zu können. Ein weiterer spannender Themenkomplex ist die Beschreibung der Brote nach der „Weinheimer Brotsprache“: Ein 10-Punkte-Schema, das dabei hilft, alle Facetten eines Brotes zu berücksichtigen. Mittels eines spezifischen

Vokabulars muss man eine perfekte Beschreibung des Kulturguts Brot darbieten können. Ferner muss ein Brotsommelier in Sachen Brot überaus faktensicher sein. Das gilt sowohl für die allgemeine Historie als auch für regionale und internationale Brot-Spezialitäten samt ihrer jeweiligen Besonderheiten.

Aber nicht nur das: Elementar ist ferner die richtige Verzehrempfehlung zu den jeweiligen Broten. So kommt der erfahrene Brotsommelier nicht daran vorbei, sich mit allerlei Foodpairing-Komponenten genauer auseinanderzusetzen, darunter Bier, Wein, Käse, Fleisch, diverse Aufstriche und was es sonst noch alles so gibt.

Zudem muss man die Ernährungsphysiologie verstehen. Denn unser Brot ist nicht nur seit jeher einer der wichtigsten Energielieferanten, sondern zudem auch reich an Nährstoffen, Mineralien und Spurenelementen.

Und na klar: Die Fachtheorie muss natürlich ebenfalls sitzen. UFF! „Okay, bekommt man schon irgendwie hin. Andere haben das auch schon hinter sich gebracht“, redet man sich ein, um nicht in komplette Panik zu verfallen.

Abschließend steht noch die Projektarbeit an: Hier gilt es – ähnlich wie bei einer Bachelorarbeit –, ein Thema aus der Welt der Backwaren zu erforschen, um neues Fachwissen zu schaffen. Umfang ca. 60 Seiten. Eine der größten Herausforderungen, denen ich jemals gegenübertreten durfte. Die Schwierigkeit hierbei ist, ein Thema zu finden, mit dem sich noch keiner eingehend befasst hat, und dieses dann in voller Tiefe auszuarbeiten, um neue Kenntnisse zu erlangen. SUPER-GAU!!

Aber die Cocktailkirsche auf dem Sahnehäubchen fehlt natürlich noch: Die schriftlichen und praktischen Prüfungen, die von der Handwerkskammer in Mannheim abgenommen werden. Zum theoretischen Teil gehört unter anderem, ein „fremdes" Brot in einem Gedicht (nach dem Schema der Weinheimer Brotsprache) zu beschreiben. Zudem präsentiert man seine Projektarbeit. Und die persönlichen sensorischen Fähigkeiten werden mit praktischen Prüfungen auf die Probe gestellt.

Und zu guter Letzt noch das Nonplusultra, die Königsdisziplin, die allerwichtigste Prüfung, da sie das komplette Können und Wissen eines Brotsommeliers auf die Probe stellt: Das Beschreiben von sechs unbekannten Broten (national und international) nach möglichst allen Kriterien. Eine halbe Stunde lang mündlich präsentieren, das Feuer versprühen und sein Gegenüber mitreißen und für das Brot begeistern.
HALLELUJA!!

Alles klar, klingt erst mal unmöglich, aber ich kann euch beruhigen: War alles machbar! Dazu muss man sich halt noch mal auf die vier Buchstaben setzen und büffeln, üben und trainieren, was das Zeug hält. Und nach viel Schweiß und Tränen, Höhen und Tiefen habe ich es schließlich geschafft, mir diesen begehrten Titel „Geprüfter Brotsommelier" mit dem Prädikat „sehr gut" anzueignen! Endlich war ich in der Familie der Sommeliers angekommen. Zeit meines Lebens habe ich noch nie so viel Herzblut in etwas gesteckt wie in diese Fortbildung. Es war genau das, was ich gebraucht habe, um mich und meinen Platz in der Welt der Backwaren neu zu definieren. Das neue Wissen und Vokabular, gepaart mit neuen Skills und dem Feuer, das in mir entfacht wurde, machen es nun vollends möglich, in Demut und mit riesengroßer Begeisterung meine Liebe zum Kulturgut Brot herauszuschreien.

Die Wertschätzung gegenüber dem Brot kann nicht groß genug sein und da hilft es einfach ungemein, ALLES darüber zu wissen. Aber vor allem auch alles darüber in Worte fassen zu können, das richtige Vokabular griffbereit zu haben und sein Wissen professionell mit seinem Gegenüber teilen zu können. Da ich den Brotsommelier so bereichernd fand, hab ich auch meinen Vater, der gerade erst in Rente gegangen war, 2023 „gezwungen", an dieser Fortbildung (erfolgreich) teilzunehmen, und auch meine rechte Hand im Betrieb wird den Kurs in diesem Jahr beginnen.

Ob sich der Aufwand gelohnt hat? DEFINITIV! Letztlich zählt, was man aus seinen Fähigkeiten macht. Und eins kann ich euch versprechen: ICH MACHE WAS DRAUS!

3.3 Meine Sommelier-Titel und ich

Mit den neuen Fertigkeiten im Gepäck hatte ich Blut geleckt. Zudem ist mir bewusst geworden: Der Kunde erfährt zwar gerne alles über das Brot, aber was für ihn am wichtigsten ist: „Womit soll ich das denn jetzt essen?" Unbedingt wollte ich in Form von Tasting-Events meine Mitmenschen von (meinem) Brot und der Geschichte dahinter begeistern. Um mich also für die perfekte Verzehrsempfehlung richtig zu wappnen, habe ich weitere Sommelier-Fortbildungen besucht, um auch rund um das Thema Foodpairing eine gute Figur abgeben zu können.

Im gleichen Jahr noch (2021) habe ich mich in der Doemens-Akademie in München zur Weiterbildung zum „Diplom-Biersommelier" angemeldet. Nach zwei Wochen Präsenzunterricht und 67 verschiedenen „prüfungsrelevanten" Bierstilen (vermutlich waren es sogar noch ein paar mehr) konnte ich die theoretischen und praktischen Prüfungen mit der Note „sehr gut" abschließen. Nun war ich in der Lage, noch ausgetüfteltere Foodpairings zu kreieren. Neue Ideen mit mehr Komplexität und Textur entstanden. Ich habe gemerkt, dass es kaum etwas gibt, bei dem man sich in so kurzer Zeit so viel Wissen über ein spezifisches Thema aneignen kann wie mit Sommelier-Weiterbildungen.

Also WEITER! Anfang des darauffolgenden Jahres (2022) folgte der Zigarrensommelier. Etwas komplett anderes. Hier wollte ich in erster Linie mein persönliches Hobby vertiefen. Dezidiertes Fachwissen und ein paar Prüfungen helfen enorm dabei, auch hier ein paar Schritte voranzukommen. Der Kurs wird von der International Association of Cigar Sommeliers angeboten. Aufgrund von Covid fand es leider nur via Fernstudium statt, aber sei's drum. Und dank Videokonferenzen ist es mittlerweile ja auch kein Problem mehr, mündliche Prüfungen von zu Hause aus professionell abzulegen.

Und was soll ich sagen: Die Welt der hochprozentigen Destillate musste ich natürlich Ende des Jahres 2022 auch noch genauer erkunden, diesmal zum Glück wieder zwei Wochen in Präsenz und wieder bei Doemens. Das Wissen, das hier vermittelt wurde, war richtig bereichernd für mich. Insbesondere, um die richtigen Empfehlungen für Aperitifs und Digestifs aussprechen zu können sowie die richtige Trinkweise zu erläutern und die passenden Gläser zu zeigen. Aber auch in puncto Foodpairing und Qualitätseinstufung der Destillate habe ich viel dazugelernt.

Im Jahr darauf galt es nun, die Fertigkeiten und Kenntnisse in diversen Tastings mit unterschiedlichen Themen auszureizen. Denn mit den Sommelier-Titeln verhält es sich wie mit Fremdsprachen: Wenn man sie nicht nutzt, verlernt man sie.

Das hat mich allerdings nicht davon abgehalten, für Sommelier-Titel Nummer fünf (2024) ein weiteres Mal zwei Wochen bei Doemens in München einzukehren: Diesmal stand der Wassersommelier an. Dieser ist zwar oft verschrien, aber lasst mich kurz erklären: Auch wenn man es als Vollblutbäcker nur schwer zugeben vermag, ist leider nicht das Brot das wichtigste Lebensmittel, sondern tatsächlich das Wasser. Und in Zeiten zunehmender Wasserknappheit war es mir doch ein großes Anliegen, so viel wie möglich über Wasser herauszufinden und zu verinnerlichen. Unglaublich, aber wahr: Auch mit verschiedenen Mineralwässern kann man über die unterschiedlichen Grundgeschmacksarten und Texturen sehr gut ausbalancierte Tastings kreieren.

Beruflich haben mich die zahlreichen Fortbildungen echt weitergebracht: Dieses weltweit einzigartige Potpourri an Kompetenzen und Titeln gibt mir die Möglichkeit, die geilsten Pairing-Geschichten auf den Weg zu bringen. Ich bringe viel fachlichen Background und Storytelling mit sowie die Fähigkeit, alles ideal miteinander zu verknüpfen. Und es wäre einfach zu schade, all dieses Wissen allein für mich zu behalten: Nein! Ich organisiere Back- und Tasting-Events, fahre auf Märkte, nehme an Wettbewerben teil, bin zuweilen in den Fachschulen des Landes unterwegs und freue mich auch riesig, maßgeblich an der Ausbildung neuer Brotsommeliers beteiligt zu sein. Und auch mit diesem Buch erhoffe ich mir, viele Leute für Brot und Fleisch, aber auch für weitere Lebens- und Genussmittel begeistern zu können. Es gehört für mich zu den schönsten Dingen des Lebens, wenn man sich durch Köstlichkeiten beflügeln lassen kann.

3.4 Was bringt mir das geballte Fachwissen?

Ich verzehre seither viel bewusster. Ich versuche, alles in meinem Mund bis aufs Kleinste auseinanderzunehmen. Sprich Geschmack, Aromen, Texturen und das Zusammenspiel aller Komponenten für mich zu entdecken. Das kann manchmal nerven, vor allem meine Essensbegleiter: Wenn man so viel über Lebensmittel weiß, kann sich das durchaus auch mal negativ auf ein Brot, ein Gericht oder ein Getränk auswirken. Schließlich weiß man, worauf man achten muss, und es ist einem bewusst, was gut gemacht ist und was nicht. Leider ist es oft so, dass die guten Sachen diejenigen sind, die etwas teurer sind. Es muss nicht gleich unbezahlbar sein, aber etwas hochpreisiger schon. Besonders mag ich es daher, wenn man aus „einfachen" Komponenten etwas Hochwertiges gezaubert bekommt, allein dadurch, dass man Verschiedenes miteinander kombiniert. Es gibt natürlich noch andere Optionen, einen Rohstoff zu veredeln und dadurch ein neues Genusserlebnis zu erschaffen, beispielsweise durch die Kunst der Fermentation.

Das Wädenswiler Brot-Aromarad

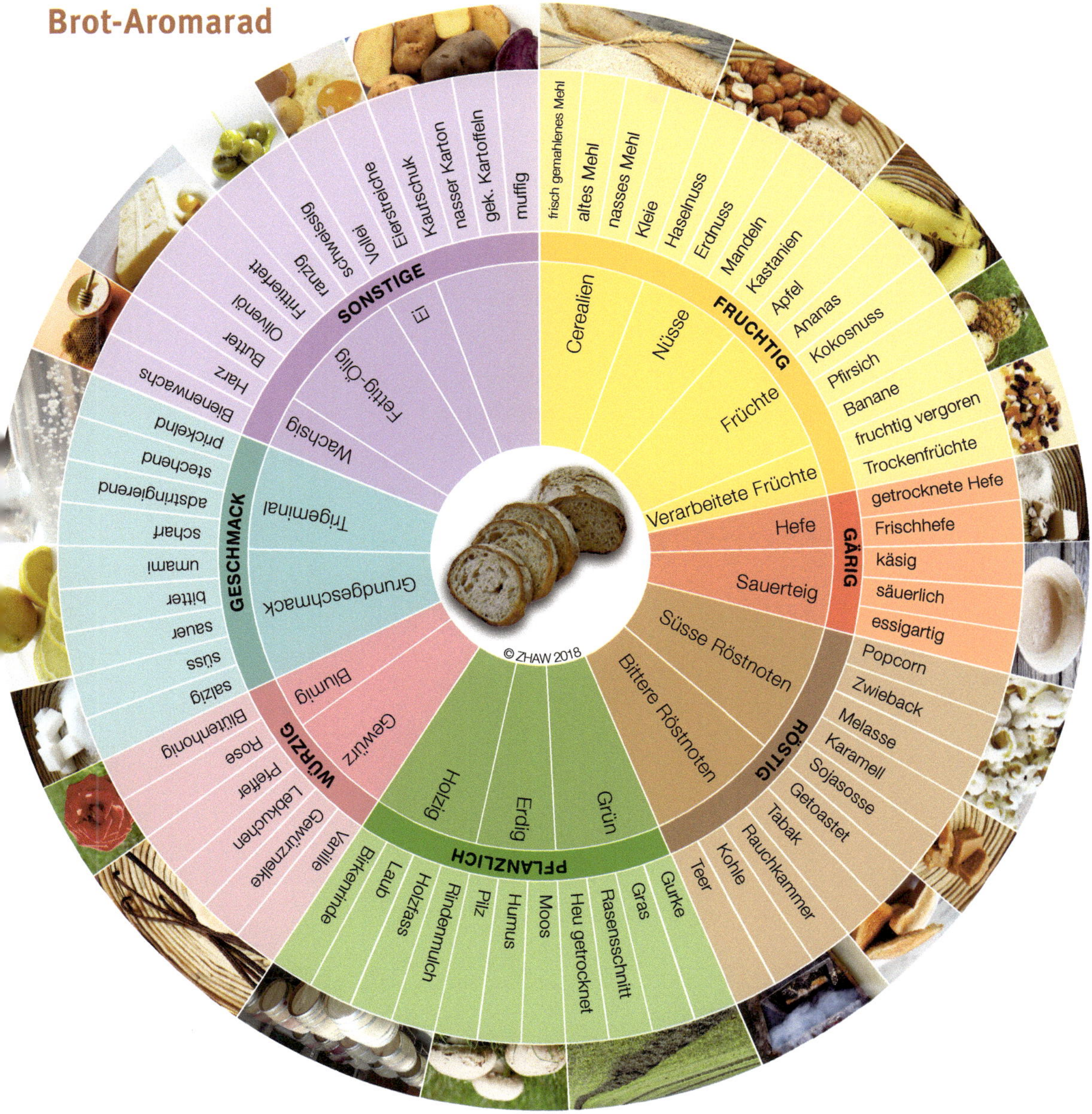

Das Brot-Aromarad dient als kleine Vokabelstütze, um ein Brot richtig beschreiben zu können. Beim Beschreiben von Broten geht es im Wesentlichen darum, dem Gegenüber, das in den seltensten Fällen eine sensorische Ausbildung genossen hat, in verständlichen Worten bildhaft, lebhaft und wortgewandt das Brot vorzustellen.

Brot und Wurst

Brotgruppe	Brotbeispiel	Brotbeschreibung	
		Kruste	
		Aussehen	Geschmack
Weizenteige	Stangenweißbrot Ciabattabrot Toastbrot	Honig- und karamellfarben; splittrige Kruste mit Ausbund.	Röstnoten, aromatisch, rund.
Weizenteige mit Langzeitführung	Focaccia Steinofen-Baguette Fougasse Seele Flûte	Malzige Kruste, goldbraun, blasige Struktur. Röscher Ausbund mit zarten Karamellnoten. Mediterranes Urlaubsbroterlebnis.	Kräftig, aromatisch, fermentiert, röstig-bitter, würzig, guter Crunch, kross, malzig.
Hybride helle Teige	Weizenmischbrot Dinkelbrot Urgetreidebrot	Dunkel, rehbraun, kräftig, auch mehlig, malzig bis hin zu Karamell- und Kaffeenoten.	Kräftiges, rundes, ausgewogenes Aroma; röstbitter, leichtes Milchsäurespiel; Dinkel-Noten, nussig, leichte erdige Gräser und Getreidenoten im Abgang und Nachhall, eine bemerkenswerte Süße.
Roggenbrote	Roggenbrot Roggenmischbrot Bauernbrot (rustikal) Holzofenbrot	Kräftige Bräunung, Kastanienbraun bis hin zu Kaffeenoten, mehlig, rustikale Krustenrisse und Ausbund wie gebackener Sauerteig.	Röstig-bitter, vollaromatisch, malzig, umami, dumpf, authentisch, herb mit Noten der Säure des Sauerteigs.

Krume/Textur		Wurstbeschreibung	Mariage (Hochzeit)
Aussehen	Geschmack		
Feinporig, wattig, weich, harmonisch, elastisch.	Mild, neutral, saftig, blumig, leichte Hefe, wattig-buttrig, Honig-Noten.	Brühwurst: Lyoner, Mortadella, Leberkäse, Fleischwurst, Jagdwurst, Pute, Hähnchenbrust, Sülzwurst, klassischer Aufschnitt, frische Wurst.	Fettarme, leichte und milde Wurstvariation ohne Säure. Beide Nahrungsmittel sind auf Augenhöhe. Die Kombinationen aus Brot und Wurst sind hier der „Allrounder".
Heterogene Porung, saftig, klebrig; offene und glänzende Porung, leichte Nuancen von Creme-Farben.	Geballt, schwammig, stark aromatisch, fermentative Würze, leichte aromatische Säuren, saftig.	Einfache Salami mit milder Fermentation, sprich: Säure. Würzig-rauchig mit leichter Salznote, saftiger Kochschinken.	Harmonie aus aromatischem, charakterstarkem Spezial-Brot und würziger, saurer Wurst. Kochschinken, salzig-fleischig, wird vom guten Brotaroma getragen und aufgewertet. Hauptgeschmacksgeber.
Rau, hellgrau, cremefarben, homogene Porenverteilung, elastisch fluffig; frisch, Textur saftig elastisch, zartweicher Biss, gutes Mundgefühl.	Mittelkräftige Röstnoten und ein moderates Säurespiel (Milchsäure), süßlich rund und frisch, grün, blumig, erdig, harmonierendes Aroma.	Rohwurst, Teewurst, Streichmettwurst, Zervelatwurst; Salami mit Pfefferrand oder mit Paprika, kräftig, salzig, fettig, teilweise streichfähig; reife leichte Säuerung, fleischzart.	Leichtes Säurespiel mit dem nussigen, ursprünglichen Getreidegeschmack des Urgetreides. Warme Röstnoten von Karamell und ausgeprägtem Umami als Ergebnis aus der Maillard-Reaktion treffen auf pikante, gereifte Wurstspezialitäten.
Dunkelgrau, rau, homogene Porenverteilung, saftig und kompakt.	Rustikal, herzhaft, kräftige Röstnoten, reife Aromen, hohes Säurespiel, frisch, grüne Getreidenote, frische Roggen-Herbe, rauchig.	Kochwurst: Blutwurst, Leberwurst, Pfälzer Saumagen, Kabanossi, Kasseler Ahle Wurst, Bratwurst, Presssack, Griebenschmalz, Wildwurst, Wildschinken, Wildbratwurst mit Wacholder, Rosmarin, Thymian, Lorbeerblättern und Pfeffer. Die Gewürze entspannen auch die Brotsäure.	Charakteristische Brote mit ausgeprägter rustikaler Kruste verbinden sich zu einer gefällig runden harmonischen Umami-Kombination. Das Zusammenspiel der fruchtigen, röstigen und würzigen Aromen beschert dem Gaumen einen bunten Karneval. Harzige, pinienartige und florale Note mit urtypischem Wildgeschmack, Roggenbrot ist der Protagonist für eine echte Brotzeit.

Brotgruppe	Brotbeispiel	Brotbeschreibung	
		Kruste	
		Aussehen	Geschmack
Körnerbrote	Mehrkornbrot Vollkornbrot	Kontrast durch Körnerkrusten-Beschaffenheit mit ausgeprägtem Röstfarbenspiel. Meist als Kastenform wegen der weichen Teige; Ballaststoff-Schatzkiste.	Kernige, milde, röstige, ausgereifte Aromen, ausdrucksstarke frische Säure, aber auch süßer, mostiger, charakterstarker Korngenuss.
Körnerbrote, Vollkornbrote, Nussbrote	Korn-an-Korn-Brot Brot mit Ölsaaten	Aromatisch, dunkel, rehbraun, kastanienfarben, Potpourri der Saaten, dunkler Kiesstrand.	Kernig, röstig, karamellig, kräftig, malzig, körnig, Nussgenussaroma.
Süße Teige	Hefeteig Brioche	Honig, goldbraun; Spaziergang am Stand im Sonnenuntergang, warm.	Rund, aromatisch, süß, leicht, buttrig, gärig, hefig.

Krume/Textur		Wurstbeschreibung	Mariage (Hochzeit)
Aussehen	Geschmack		
Saftig, pappig, massig, füllend, dicht, kompakt bis zu Korn an Korn.	Abgerundetes, ausgewogenes gutes Säureprofil; herb, leichte Gersten- und Getreidenoten, aromatisch, mostiger Nachhall.	Katenschinken, Kasseler gepökelt, Lachsschinken, Serrano- und Parmaschinken, Chorizo; fettig-würzig, salzig, Paprika; geringfügig säuerlich; Weißwurst aus Kalbfleisch, Petersilie, Pfeffer, Zitrone, Macis, Zwiebel, Ingwer und Kardamom	Eine saftig-kernige fantasievolle Brotkreation, bekleidet und harmonierend mit Schinkenspezialitäten und würziger Wurst. Mit Fenchel: Die süßen, zitronigen und leicht bitteren Noten bieten den perfekten Kontrast. Bei Weißwurst und Mehrkornbroten ergibt sich daraus eine sich perfekt ergänzende Mariage (Food- completing), perfekter Einklang.
Perfektes Zusammenspiel aus feiner dunkler Porung und Körnern oder Nüssen.	Großes Aromaprofil mit Unterstützung von kernigen, röstigen und nussigen Noten. Konzentriertes Potpourri von Getreide, Malz, Milchsäure und Ölsaaten. Grün, herb, mostig, gute Frische, körnig, tolles Mundgefühl, gute Intensität.	Tiroler Speck, Schwarzwälder Schinken, Burgundersaftschinken, Roastbeef; fettig-würzig, rauchzartes Umami.	Brote mit starkem, aromatischem Eigengeschmack, schöne warme und nussige Röstnoten. Beherzte Sauerteigaromen treffen auf rauchzarte, würzige, herzhafte Schinken und Wurstwaren. Würzig-röstige Schweinefleischerzeugnisse mit etwas Honigmelone.
Wattiges Bild, stürmische Wolkenformation, zart, flauschig.	Süß, buttrig, weich, saftig, zartes wattiges Genusserlebnis; Honig, Vanille, milchig, Karamellkruste, Keks.	Leberwurst: Grob und fein, rötlich bis graue Farbe, streichfähig. Geschmack: würzig, Ingwer; milder, aber dominanter Eigengeschmack, dumpf, leichte „bitterness" (adstringierend), typisch Leberwurst.	Ergänzende Mariage: Diese Kombination mit Apfel und Sellerie verfeinert ergibt die perfekte Ergänzung. Alle Aromen mit einem voll transformierten Geschmackserlebnis. Umami aus der Brotkruste. Eine gute Ergänzung in den Fetttönen zu einer cremigen Harmonie. Säure von den Äpfeln und die Sellerie Gemüsenote entschärfen die dumpfe „bitterness".

Die Tabelle auf den beiden vorhergehenden Doppelseiten wurde eigens dafür entwickelt, um zum Brot die passende Wurst zu finden. Sie soll als kleiner Leitfaden dienen. Allgemein gilt: „Erlaubt ist, was gefällt!“ Gerade im Hinblick auf weitere Rohstoffe, zum Beispiel aus der Gemüseabteilung, bietet sich ein noch breiteres Portfolio an Foodpairings an. Gleiches gilt für die richtige Getränkeauswahl.

Die einfache Grundregel lautet: Je milder das Brot, desto milder die Wurst. Beginnend mit voluminösen Gebäcken aus überwiegend (niedrig vermahlenem) Weizen oder Dinkel über kompaktere Backwaren aus Roggen und Vollkornmehlen bis hin zu verfeinerten Broten gespickt mit Ölsaaten und Nüssen. Natürlich gibt es auch passende Verzehrempfehlungen zu feinen (süßen) Backwaren. Je länger die Reifezeiten des Brotes und je intensiver die darin verarbeiteten Vorteige, desto ausdrucksstärker sollte auch die Wurstware gewählt werden, um ein ausgewogenes Geschmackserlebnis zu bieten. Beide Komponenten sollten die Möglichkeit haben, Präsenz zu zeigen, ohne der anderen die Show zu stehlen. Im besten Falle ergänzt sich das Aromaprofil, wobei unterschiedliche Texturen ein interessantes Mundgefühl schaffen.

3.5 Brotsommelier/-sommelière: Der Alltag

Rohstoffe und warum die Auswahl einen überrumpeln kann

Es gibt verschiedene Ansätze, ein neues Brot zu entwickeln. Ich orientiere mich meist am Anlass bzw. an der Verzehrgelegenheit, für die ich etwas Neues brauche. Möchte ich etwa ein lockeres Gebäck für den Sommer als Begleiter zum Grillen? Einen starken Partner für eine üppige Jausenplatte? Vielleicht etwas mit getrockneten Früchten und Nüssen zur Weihnachtszeit? Oder eine saisonale Geschichte wie Kürbisbrot, rund um Halloween und Erntedank? Ihr seht schon, worauf ich hinausmöchte.

Nutze ich kleberstarke, helle Mehle mit einem niedrigen Ausmahlungsgrad (z. B. Weizen 405/550, Dinkel 630, Typo 00), kann ich in der Regel voluminösere, locker geporte Gebäcke in den Fokus stellen. Nutze ich viel Roggen und hoch ausgemahlene Mehle bis hin zu Vollkorn (das ganze Korn wurde verwertet, inkl. Keimling), bekomme ich hingegen kompakte, aber dafür vollwertigere Backwaren mit deutlich höherer Nährstoffdichte und Ballaststoffen. Hier kommt erschwerend der ernährungsphysiologische Aspekt hinzu.

Zu den klassischen Brotgetreidesorten zählen wir Weizen, Roggen, Dinkel und Triticale. Dazu gesellen sich die sogenannten Nicht-Brotgetreidesorten (allein zur Herstellung von Brot ungeeignet, aber als Zugabe durchaus bereichernd) Mais, Reis, Hirse, Gerste und Hafer.

Als Nächstes mache ich mir Gedanken über die Herstellung, die benötigten Vorteige und die Reifezeiten: Allein bei der Wahl der Vor- bzw. Sauerteige haben wir ein breit gefächertes Portfolio an verschiedenen Möglichkeiten, und alle haben maßgebliche Auswirkungen auf das Endgebäck. Von Autolyseteig über Vorteige, Poolish, Biga, Sauerteig, Lievito Madre usw. gibt es viele Ansätze und das Beste: Auch hier kann man mit Teigfestigkeit, Temperatur und Reifezeiten spielen, sodass kein Sauerteig identisch ist.

Eine breite Auswahl an Ölsaaten, Röstmalzen, getrockneten Früchten, Nüssen etc. lässt der Fantasie nun freien Lauf: Hier kann man sich richtig austoben! Noch ein paar Hinweise zur Verarbeitung: In den meisten Fällen empfiehlt es sich, besonders Ölsaaten und Nüsse vor der Verarbeitung ca. 10 Minuten bei 200 °C im Ofen anzurösten. Die ätherischen Öle werden so besser wahrgenommen, die Aromen können sich besser entfalten und zusätzlich bekommen wir feine Röstnuancen mit in den Teig geschmuggelt.

Zur Vorverquellung kann man ein Quellstück herstellen, das mit kaltem Wasser aufgegossen wird, oder aber ein Brühstück. Hierzu wird kochendes Wasser zugegeben und über Nacht stehen gelassen. Auch hier haben beide durchaus eine bereichernde Funktion. In erster Linie bessere Frischhaltung, bessere Bekömmlichkeit und stabilere Teige zum Verarbeiten. Die Herstellung eines Kochstücks bringt vor allem die Extraportion Frische durch maximale Wasserbindung mit ins Spiel. Hierzu werden stärkehaltige Getreide in kochendes Wasser eingerührt.

Das ist einer der Momente, in denen ich gegenüber ratlos dreinblickenden Hobbybäckern betone, dass die Ausbildung zum Bäcker nicht umsonst ein Lehrberuf von drei Jahren ist, der im Meistertitel gipfelt. Viel theoretisches Verständnis ist dafür gefragt und auch jahrelange Praxiserfahrung, um das richtige Gefühl für all dies zu entwickeln.

PS: Auch nach der bisherigen Auswahl bleibt es spannend: Wie muss ich den Teig kneten lassen? Welche Reifezeiten muss ich einhalten? Soll der Teig in der Wanne über Nacht reifen, schon in Form gemacht im Brotkörbchen bleiben oder möchte ich heute noch ein Backergebnis erzielen? Wie heiß oder kalt muss der Ofen sein? Wie lang muss mein Brot backen? Schwaden oder kein Schwaden? Muss der Zug gezogen werden? Wenn ja, wann und wie lange? Wird das Brot geschnitten? Wenn ja, mit welchem Schnitt und wie tief? Mit einem Wellenschliffmesser oder einem Rasiermesser?

Aus diesen Gründen wird das Backen niemals langweilig. Man hat unzählige Möglichkeiten, sich voll und ganz auszutoben. Es ist schier unmöglich, alle erdenklichen Backwaren einmal selbst zu kreieren, aber ich kann es ja zumindest versuchen ...

3.6 Eine kleine Teigkunde

Nachfolgend eine kurze Liste zu den Vorteilen von Vorstufen im Teig und im Gebäck:

Autolyseteig:
+ Weniger Intensivknetung nötig, besseres Gebäckvolumen

Hier werden Mehl und Wasser kurz schonend vermischt. Der Teig darf dann 30 bis 60 Minuten ruhen. Während dieser Zeit kann sich das Klebergerüst aufbauen. Besonders für Mehle die nicht so viel Knetenergie vertragen, von Vorteil (z. B. Dinkel 630 oder französisches Weizenmehl Typ 65).

Vorteig:
+ Besserer Geschmack, mehr Aromavielfalt, längere Frischhaltung

Wir haben die Möglichkeit, den Vorteig sowohl mit als auch ohne Hefe anzusetzen. Häufig kühl über Nacht geführt, sodass ein Abbau der Zuckerstoffe sich gustatorisch positiv auf das Brot auswirkt. In Frankreich (z. B. Poolish), Italien (z. B. Biga) und Spanien (z. B. Masa Madre) eine weit verbreitete Methode, da die

Gebäcke da ortsüblich wenig Säurenuancen aufweisen. Sie alle unterscheiden sich zusätzlich in der Festigkeit. Durch diese Variation haben die Teige auch unterschiedliche Wechselwirkung auf das Gebäck. Bei einem Biga ist der Ofentrieb besser, bei einem Poolish bekommt man hingegen eine offene Krumenporung gepaart mit einer zartsplittrigen Kruste gezaubert. Hier kommt es zumeist darauf an, mit welchen Gebäckeigenschaften ich im Endeffekt punkten will.

Sauerteig und Lievito Madre:

+ Besserer Geschmack, mehr Aromavielfalt, längere Frischhaltung, bessere Gärstabilität, arbeitsfreundlicherer Teig, bessere Bekömmlichkeit, bessere Bioverfügbarkeit der Mineralstoffe, eigene Sauerteighefen

3.7 Sauerteig: Meine innige Liebe

Im Sauerteig liegt meine größte Kernkompetenz, da ich eine innige Liebe zu ihm hege. Bei einem Sauerteig reden wir von einer Mischung aus Mehl, Wasser und einer Starter-Kultur (Anstellgut) mit aktiven Milchsäurebakterien, die

in der Lage sind, Milchsäure (mild säuerliches Wahrnehmungsempfinden), Essigsäure (intensive Essig-Nuancen) und dem Sauerteig eigene Hefen zu produzieren. Es gibt unzählige Variationen von Sauerteigen, die erst durch verschiedene Parameter zu steuern sind. Die spezifischen Säuren und Hefen bevorzugen verschiedene Teigfestigkeiten, Temperaturen und Reifezeiten, um sich besser entwickeln zu können. So vermehren sich in warmen, weichen Teigen eher die milden Milchsäurekulturen, während sich in kälteren, festeren Teigen vermehrt Essigsäure bildet. Hier kann (und in meinen Augen auch „sollte") man ähnlich wie bei einem Baukastensystem mehrere Teigführungen miteinander kombinieren, indem man den Sauerteig alle paar Stunden wieder mit Mehl, Wasser und der Vorstufe (Anstellgut) anfrischt: Aber eben nicht mit den gleichen Parametern.

Beispiel:

1. Stufe: warm und weich (gut zum Starten, Milchsäurekulturen vermehren sich, ideales schnelles Wachstum).
2. Stufe: kalt und fest (neben der Milchsäure wird nun auch Essigsäure gebildet, intensiveres Geschmacks- und Aromaerlebnis und Sauerteighefen entwickeln sich).
3. Stufe: warm und weich (noch mal der letzte Kick für die sauerteigeigenen Hefen und ausgewogenes, komplexes Vorkommen an Milch und Essigsäure).

Das Geniale am Sauerteig ist, dass ich in der Lage bin, Backhefe-frei, also komplett natürlich „wie früher" mit den „wilden" Hefen, ein absolutes Premiumbrot herzustellen. Und auch sensorisch bleibt es mir überlassen, ob ich daraus ein intensives säuerliches Brot herstellen möchte oder lieber ein absolut mild fermentiertes Gebäck mit großen Volumen. Für Letzteres bietet es sich an, auf einen „Lievito Madre" zurückzugreifen. Der italienische Sauerteig setzt sich aus rund 10 % Milchsäure und 90 % Sauerteighefen zusammen. Beim klassischen deutschen Sauerteig ist es übrigens genau andersherum.

Ein Sauerteig lebt davon, immer und immer wieder angefrischt zu werden. Unser Sauerteig ist mittlerweile über 70 Jahre alt und wurde seit jeher immer weiter geführt. Durch die beinahe tägliche Auffrischung bleibt der Sauerteig rein und fit genug, um auch nach all dieser Zeit Backhefe-freies Backen möglich zu machen.

Bei anderen Vorteigen ist man relativ frei in der Planung, da man sie bequem jeden Tag aufs Neue herstellen kann. Ein (dauerhaft funktionierender) Sauerteig braucht deutlich mehr Liebe und muss besser behütet werden. Ich denke, ich habe deutlich gemacht, dass nicht allein die Rohstoffauswahl, sondern vor allem die zigtausend Möglichkeiten der Teigführung das „Backen" so interessant, kreativ und vielfältig machen.

Ach ja: Damit es nicht zu einfach und langweilig wird, kann ich natürlich auch eine Kombination verschiedener Vorteige wählen, um verschiedene positive Eigenschaften für Teig und Brot herauszukitzeln, z. B. die Verwendung von Sauerteig und Poolish für intensiveren Geschmack mit zusätzlich offener Krumenporung und zartsplittriger Kruste. (Ein Beispiel muss reichen, sonst verlier ich mich.)

3.8 Upcycling

Heutzutage wichtiger denn je, da häufig die Frage aufploppt: Was macht der Bäcker mit altem Brot, das am Ende des Tages leider doch nicht verkauft wurde?

Hier gibt es verschiedene Möglichkeiten und ein paar möchte ich euch an dieser Stelle aufzählen. Trockenes altes Brot (ganz wichtig: wir reden immer hier ausschließlich von Waren, die NICHT mikrobiell verdorben sind, sprich schimmelfrei) ist ein idealer Rohstoff für neue Brotteige. Hierfür wird das Brot in kleine Stücke vermahlen, gehäckselt oder geschnitten und in Wasser eingeweicht, damit es besser im neuen Teig unterlaufen und vermischt werden kann.

Fangen wir zunächst mit der Sensorik an:

1. In unserem fertigen Brot befinden sich weit über 300 Aromastoffe, ca. 80% davon finden sich in der Kruste. Diese röstigen Aromen reichen von süßlichen

Röstnoten (z. B. Popcorn, Zwieback, Karamell) über bitter wahrgenommene Nuancen (z. B. getoastet, kohle- oder sogar teerartig). Hier bietet sich jetzt eine super Gelegenheit, die aromaschwache Krume genau mit diesen Röstaromen zu bereichern, sodass wir ein intensiveres Geschmackserlebnis und einen ausgewogenen Gesamteindruck in Mund und Nase erzeugen.

2. Die durch den Backprozess vorverkleisterte Stärke sorgt des Weiteren dafür, dass der Teig durch die Zugabe von Frischbrot deutlich *mehr Wasser* aufnimmt, was eine positive Wechselwirkung schafft. Hier entsteht eine richtige Kausalitätskette: Mit der Zeit verliert das Brot an Feuchtigkeit und wird dadurch altbacken. Mehr gebundenes Wasser bedeutet, dass das Brot eine längere Frische ausweist. Längere Frischhaltung bietet dem Verbraucher einen größeren Zeitraum, um die Backwaren zu verzehren, was Lebensmittelabfälle reduziert. Weniger Abfall hält den CO_2-Fußabdruck niedrig. Außerdem können die Nährstoffe im Brot besser aufgeschlossen werden und sind dem Körper leichter zugänglich. Die Nährstoffe landen nicht im Abfall, sondern da, wo sie hingehören: beim Verbraucher. Und tragen somit zu einer ausgewogenen Ernährung bei.
3. Kommen wir noch einmal auf den *CO2-Fußabdruck* zurück: Selbst mit langer Frischhaltung kommen wir (als Bäckerei) kaum drum herum, am Ende des Tages Brot übrig zu haben. Durch die Zugabe des Frischbrotes in den Teig können wir, der Umwelt zuliebe, Abfälle vermeiden.
4. Ein bisschen *Ehrlichkeit* gehört dazu: Ganz ohne Eigennutz ist der Bäcker natürlich nicht. Mehr Wasser im Brot zu binden und Retouren zielführend zu verarbeiten, rechnet sich am Ende des Tages natürlich für den Betrieb. Ich bin der Meinung, dass der Verbraucher sogar noch mehr von der Methode profitiert. Ein wichtiger Hinweis an dieser Stelle: Auch hier gibt es klare Richtlinien (sogenannte Leitsätze), an die sich der Bäcker halten muss, damit kein Schindluder getrieben wird:
5. *Mitverwendung* von Brot: „Hygienisch einwandfreies, verkehrsfähiges und der unmittelbaren Berührung durch die Käuferin/ den Käufer in Selbstbedienung nicht zugänglich gewesenes Brot kann bei der Brotherstellung bis zu 20 Prozent, berechnet als Frischbrot wieder eingesetzt werden.“ (Auszug aus den Leitsätzen für Brot und Kleingebäck.)

Paniermehl aus Brötchen/Semmeln sollte natürlich jedem ein Begriff sein. Es gibt zahlreiche Gerichte, die man aus altem Brot herstellen kann. Das wohl bekannteste sind Klöße und Knödel. Aber auch „Armer Ritter" ist im Volksmund weit verbreitet. Es gibt zahlreiche Kochbücher auf dem Markt, die hier weitere spannende Rezeptvorschläge anbieten.

Fazit: Es ist schlicht und ergreifend zu schade, wenn Brot in der Tonne landet. Dabei geht es nicht nur um die Arbeit, die in einem fertigen Laib steckt, sondern ebenso um die darin enthaltenen Nährstoffe, die beim Wegwerfen verloren gehen.

4 Brotkultur: Sprichwörter und Redensarten

Dass Brot zu unseren elementarsten Lebensmitteln zählt und oftmals gleichbedeutet mit Wohlstand ist, verdeutlichen verschiedene Sprichwörter und Redensarten.

„Eine brotlose Kunst"

Dieser Spruch wird in Verbindung mit Tätigkeiten verwendet, mit denen sich kein bzw. nur sehr wenig Geld verdienen lässt. Der Ausdruck hat einen engen Bezug zum Künstlerdasein. Das Motiv des mittellosen Künstlers ist seit Jahrhunderten bekannt. Es verdeutlicht das Spannungsfeld von schöpferischer Selbstverwirklichung und der oft als mühselig empfundenen Notwendigkeit zum Broterwerb.

„Kleine Brötchen backen"

Wie bereits beschrieben, gelten Brot und weitere Backwaren seit jeher als Symbol für Erfolg, Lohn und Arbeit. Nicht von ungefähr bezeichnen wir Arbeitgeber auch als „Brötchengeber". Wer kleine Brötchen backt, hatte gegenwärtig weniger Erfolg als üblich und ist daher zum Sparen gezwungen.

„Etwas geht weg wie geschnitten Brot"

Manchen sagen auch „wie warme Semmeln". Diese Redensart stammt aus dem Verkauf und meint, dass bestimmte Artikel reißenden Absatz finden. Der Ausdruck geht übrigens auf den Deutsch-Amerikaner Otto Frederick Rohwedder zurück. 1928 begann er in seiner Bäckerei in Missouri, maschinell geschnittenes Brot handlich abgepackt zu verkaufen. Ein riesiger Erfolg, der schnell Nachahmer in der Branche fand.

Schlusswort und Kontakt

Na, konnten wir eure Neugier an der Welt der Sommeliers wecken? Doch letztlich verhält es sich mit den vielen Facetten, anhand derer wir euch die Vorzüge der berufsspezifischen Zusatzqualifikation aufzeigen wollten, wie mit dem im Meer schwimmenden Eisberg. Ihr habt bislang erst die Spitze aller Möglichkeiten gesehen. Unter der Wasseroberfläche schlummert noch sehr viel ungenutztes Potenzial – nämlich eure eigene Kreativität!

Fragt ihr euch, wie ihr dieses Potential am besten schöpft? Dann informiert euch am besten direkt im Bildungszentrum des Fleischerhandwerks in Augsburg sowie an der Akademie des Deutschen Bäckerhandwerks in Weinheim. Oder kontaktiert uns einfach persönlich:

Katharina Endraß-Lacher	**Patrick Zimmer**
Instagram	**Instagram**
metzgerei_endrass	baeckerzimmer_brotsommelier
Ina.end_la	
Facebook	**Facebook**
Metzgerei Endrass	Bäcker Zimmer, Brot-Sommelier
Katharina Endraß-Lacher	
Butcher Wolfpack	
Instagram: butcherwolfpack	
Facebook: Butcher Wolfpack – WBC Team Germany	

Bildnachweis

Coverfoto, S. 9, S. 14, S. 22, S. 27, S. 37, S. 42, S. 52, S. 63, S. 66, S. 68, S. 72, S. 74, S. 82, S. 84, S. 85, S. 88, S. 90, S. 97, S. 100, S. 106 Ingo Hilger, Neuwied
S. 20 Metzgerei Endrass
S. 32 Butcher Wolfpack
S. 34 iStock / Turker Minaz
S. 36 Pixabay / Felix Wolf
S. 43 Metzgerei Freyberger
S. 70 Frank Wiesen, Einruhr